中国传统寺观造型艺术

THE PLASTIC ARTS of Traditional Chinese Temples

刘晓曦 著

四川美术出版社

2016年度重庆市艺术科学研究规划项目
《形具而神生——传统寺庙造型艺术的古典再现之美探微》
项目编号：16ZD028

前言

学院体制下西方油画艺术专业出身的笔者，在探寻追求绘画创作与体验的艺术道路之上，自觉尚属勤勉。直至不惑，渐对“读万卷书，行万里路”这样的前贤妙语初有感悟，当然更多的可能是在万里之行上观“万”样传统寺观艺术而渐悟体会到的。而触动我内心深处对传统造型艺术折服的契机，并非是我一向颇为喜爱的宋、元卷轴绘画，而是在完全没有任何认知准备的情况下，猝然与传统主流中国美术史话语里闻所未闻的安岳茗山寺北宋石刻巨构和大同善化寺大雄宝殿里真正堪称栩栩如生的辽金彩塑的震撼相遇。

自幼生长于巴蜀大地，少年时代已数次游览过大足宝顶、北山石刻和乐山大佛。及至成年，对丝绸之路历史颇为着迷，观摩敦煌石窟、麦积山石窟等脍炙人口的古代艺术胜迹之行在视觉感受上非常受用，却也未能对寺观艺术产生更多的关注与好奇。直到2010年骤然与安岳石刻及山西辽金彩塑的相遇，才使笔者突然意识到在我们传统主流美术史里可能还隐藏有更多以前未被关注的寺观造型艺术杰作。以此为开端，我痴迷于非著名寺观石窟、古建古塔造型艺术的实地探访，并一发而不可收拾！

大量遗存在非著名历代寺观石窟、帝陵神道中极为杰出的宗教造型艺术作品，并不为大多数专业美术人士所知。这些寺观造型艺术作品，通过诸如石雕石刻、彩塑悬塑及壁画等载体，不仅体现了高妙的古典再现之美，同时也蕴含了不同时代的艺术格调与审美气息。从这些寺观、神道造像作品中可以把握一种既独立于传统书画卷轴系统之外而又与之无不关联的中国传统审美精神。正是这些杰出再现写实作品带来的艺术成就与高度，因宋、元以降主流艺术话语基于超越再现的审美判断和文人画思维话语权的确立，一直未能得到应有的关注和客观评价。不仅如此，基于西学传统理论规范的中国寺观艺术理论研究也更多从社会文化史与美术考古专业的角度进行研究，因而也忽视了历代杰出寺观造型艺术在再现写实表现领域所取得的高度艺术成就。

通常我们对中国传统造型艺术的认知更多是源于博物馆所收藏的书画卷轴系统，在审美判断的价值取向上也多重写意而轻造型技艺；而另一方面，我们又不太熟悉那些遗存在非著名寺观造型艺术中的历代再现写实性精品、绝品。本书重点通过实地探访观摩至今默默无闻、为数众多但隐藏于山野古寺之中的历代伟大寺观、神道艺术杰作，以造型艺术家的眼光，力图以中华大地三个地域方向上一系列具有高度艺术水准的寺观石窟及神道艺术遗存为样本，较为详细地梳理介绍巴蜀石窟、山西古建寺观以及以甘肃丝路石窟为代表的传统造型艺术杰作，并运用作者拍摄的大量图片来佐证独立的见解与分析。通过对这些不太为人所知的传统寺观造型艺术给予高度评价，重新看待其在美术史上的定位，并对其进行深入研究，或许可以让我们在对中国传统造型艺术范畴的理解和认识上，在具有卓越古典再现之美的宗教寺观造像作品所达到的艺术高度上有新的发现与判断，并提供一个观察的新维度。

笔者作为专业的艺术家而非美术理论家，对传统寺观造型艺术的价值判断和审美取向更多出于一个造型艺术家对于造型艺术语言本体的敏感与认同，本书提出的相关审美评判可能会与传统主流寺观艺术理论的研究评判有不同的角度，故笔者对本书中提及的一些知名寺观石窟艺术评价有自己独立的见解，其中也许会有不少略显浅薄或不成熟的看法或认识，也希望得到学术前辈和读者们善意的指正。

最后，基于笔者多年深切感悟到的伟大传统造型艺术魅力，如果能通过本书把众多精美绝伦且又不为人知的历代造型艺术杰作介绍给更多的读者认识与欣赏，进而让更多人了解我国传统寺观、神道造型艺术所取得的高度艺术成就，无疑是我作为一个中国艺术家的最大心愿。

目录

第一章

发现传统寺观造型艺术殊胜之美

一 / 亲历华夏传统造型艺术古迹精华 003

二 / 再识传统寺观、神道造型艺术 005

（一）卷轴书画系统之外的寺观、神道艺术 005

（二）寺观艺术古迹的重点地域分布 010

（三）中西方传统写实精神的审美差异 019

（四）寺观宗教造像呈现历代艺术造型规律 024

三 / 未被正视的伟大造型艺术遗产 028

（一）仍被忽视的非著名寺观艺术成就 028

（二）比肩西方写实传统的艺术再现高度 033

四 / 于传统造型艺术巡礼中重建文化自信 043

第二章 巴蜀石窟艺术

一 / 巴蜀石窟艺术概述 047

二 / 安岳石窟艺术 052

（一）茗山寺石刻造像（北宋） 057
（二）华严洞石刻造像（北宋） 072
（三）毗卢洞石刻造像（北宋） 076
（四）圆觉洞石刻造像（北宋） 083
（五）卧佛院及木门寺石刻造像（唐、明） 086
（六）安岳其他重要石刻造像 095

三 / 大足石窟艺术 099

（一）石门山石刻造像（南宋） 104
（二）北山佛湾石刻造像（唐、五代、南宋） 111
（三）宝顶山石刻造像（南宋） 117
（四）大足其他石刻造像（南宋） 125

四 / 涞滩二佛寺石刻造像（南宋） 126

五 / 万佛寺出土石刻造像（南梁） 133

六 / 渠县汉阙石刻艺术 （东汉） 136

七 / 川北石窟艺术（唐） 139

第三章 山西古建筑寺观艺术

一 / 山西历代艺术古迹概述 145

二 / 晋南艺术古迹 149

（一）永乐宫及周边艺术古迹（元构、元壁画、宋构、唐构） 150
（二）稷山青龙寺（元壁画、元构） 156
（三）新绛龙兴寺（元塑、元构） 160
（四）洪洞广胜寺（元构、元塑、元壁画） 162

三 / 晋中艺术古迹 165

（一）汾阳太符观及文水则天庙（金构、金塑、金壁画、唐石狮） 165
（二）双林寺及镇国寺（宋、元、明塑，五代塑、五代构） 171
（三）资寿寺（明塑、明构） 180
（四）山西省博物院及周边古迹 183
（五）晋祠及天龙山石窟（唐窟、宋塑、宋构、金构） 186

四 / 晋北艺术古迹 190

（一）佛光寺、南禅寺、洪福寺（唐构、唐塑、金塑） 192
（二）慧济寺（五代塑） 200
（三）朔州崇福寺（金构、金塑、金壁画） 204
（四）应县佛宫寺释迦塔（辽构、辽塑、辽壁画） 210
（五）大同善化寺及华严寺（辽构、辽塑、金塑） 213
（六）云冈石窟（北魏皇家石窟） 220

五 / 晋东南艺术古迹 226

（一）平顺大云院（五代建筑、壁画） 228
（二）长子县法兴寺与崇庆寺（宋构、宋塑） 229
（三）高平开化寺（宋构、宋壁画） 235
（四）晋城玉皇庙（宋塑、元塑、元构） 238
（五）晋城青莲寺（唐塑、宋构、宋塑） 241

第四章 甘肃丝路石窟艺术

一 / 甘肃丝路石窟群艺术古迹概述 249

二 / 敦煌石窟艺术 252

（一）莫高窟壁画和彩塑 259
（二）东、西千佛洞壁画 266
（三）榆林窟壁画和锁阳古城 267

三 / 嘉峪关魏晋壁画墓 270

四 / 张掖和武威艺术古迹 271

（一）大佛寺（西夏彩塑、壁画） 271
（二）天梯山石窟（五凉时期） 273

五 / 炳灵寺及甘肃省博物馆 275

六 / 大象山石窟及拉梢寺石窟（唐、北周） 282

七 / 麦积山石窟艺术 286

八 / 北石窟寺艺术（北魏、唐） 294

第五章

中国其他重要艺术古迹巡礼

一 / 石窟艺术 300

（一）钟山石窟（北宋） 300
（二）龙门石窟（北魏、唐） 308
（三）巩县石窟（北魏） 312
（四）响堂山石窟（北齐） 317

二 / 寺观古建筑艺术系统 320

（一）蓟县独乐寺（辽构、辽塑） 320
（二）义县奉国寺（辽构、辽塑、辽彩画） 324
（三）正定隆兴寺（宋构、宋塑、明塑） 328
（四）曲阳北岳庙（元构、元壁画） 331

三 / 帝陵神道造像艺术 335

（一）秦始皇陵兵马俑 335
（二）南朝神道造像 338
（三）汉唐帝陵神道造像 344
（四）巩义宋陵神道造像 350

第一章

发现传统寺观造型艺术殊胜之美

一 亲历华夏传统造型艺术古迹精华

亲临现场观摩大师级绘画、雕塑原作，领略其真切直观的艺术神采气息，在现今流行虚拟观看的网络自媒体视角时代，无疑是最为有效的体验方式。而实地观摩中国古代优秀的寺观、神道造型艺术遗存，正是在有限的时空条件之内，最大化地亲身观摩体验上至汉晋六朝，下至唐、宋、元、明时期最有代表性，最有艺术价值的建筑、壁画、彩塑及石刻艺术精粹。在这些伟大的传统艺术作品之中，可以体验什么是雍容大气的盛唐之风，什么是典雅醇和的宋人之理，什么是元人的劲逸散淡之意。身为华夏文明的艺术传人，身临其境地体会、思考、揣摩、感悟这些历代精品杰作所蕴含的传统文化艺术精神，正是在当今时代接受传统艺术熏陶、滋养我们传统文化审美素养的重要途径。

中华民族在历史上创造了令人赞叹的文化和艺术，在华夏大地壮丽河山里留下了太多太美的艺术文化古迹。虽然饱经历代风雨战火，大江南北依然存留下来相当多的古代艺术杰作。本书古代寺观、神道造型艺术论述的重点是国内三个地域方向上的精美艺术造型遗存，关注的重点恰恰不是声名显赫、人气冲天的诸如四大石窟这样炙手可热的旅游爆点。相较这类知名度极高，更富于社会史、文化史理论价值的著名古迹，其实国内更多非著名的艺术古迹可能有更好的观摩环境和视觉价值，往往更能积累自己的视觉认识而不是盲从他人的眼光。毕竟真正打动人内心的艺术品才能触动灵魂深处的华夏之音。

正是某一历史时期遗存的一系列古代造型艺术精华能反映出传统艺术风格的演变和规律，本书的传统造型艺术以研究的三个不同地域方向为三个篇章，以一系列相互联系而又有不同艺术风格特征的具象再现艺术古迹作为主要观摩对象，其分别是四川、重庆的巴蜀石刻艺术，山西省古建寺观艺术系统和甘肃丝绸之路石窟群造型艺术。

比如对巴蜀地域的石刻探访，以安岳、大足石刻为代表的两宋时期众多精美典雅的摩崖石刻作品，我们不仅要去体会北宋、南宋时期石刻造像作品在写实再现造型风格手段、技巧和技法上的时代审美差异，同时也要把唐末五代中原北方战乱而巴山蜀地相对富足安宁的这一历史背景考虑进去，并且要对两宋时期市民经济发达、政治相对开明以及宋人整体社会风尚对艺术高度追求的文艺背景加以了解，我们才能领悟中国石窟造像史上第三次高潮，同时也是世界石窟艺术史上最后一次高峰会花落两宋巴蜀石刻的深刻原因。

而此次探访最令人惊叹的古代艺术发现却是山西古建筑寺观艺术系统！除了脍炙人口的云冈石窟和永乐宫壁画，三晋大地上分布着如此众多保存完好又极具艺术审美价值的古建原构、泥塑和壁画作品。虽然这些精美的杰作都是由古代工匠完成，并原生态般地保存于这些古代寺观建筑原构之中，但这些体现了丰富完整的中国文化艺术精神的伟大杰作，在艺术水平上并不逊于任何以文人话语为主流的存世卷轴作品。如果我们把南北朝时期北魏建都平城（今大同）并以此统一华北并接纳发扬中原汉文化后的民族大融合这一历史背景考虑进去，加上对北朝、隋唐、辽金、宋元等历朝皇帝崇佛尊道之风的影响，以及晋商文化高度发达的经济实力所造就的高度审美水平和山西独有的自然地理气候条件加以认识，我们就能明白号称“地上五千年文明”的文物大省山西不是浪得虚名。

再看甘肃丝路石窟走廊的众多石窟艺术群落，除了朝拜驰名世界的莫高窟，同是敦煌艺术重要组成部分的榆林窟，东、西千佛洞也是不容错过的古代艺术宝库，只从敦煌一直向东，有嘉峪关魏晋壁画墓、张掖大佛寺、天梯山石窟、炳灵寺石窟，还有声名不著却艺术价值甚高的大像山石窟、拉梢寺石窟乃至著名的麦积山石窟等等。只有较深入地一一体会河西走廊上美如串珠的一系列石窟遗迹，我们才会知道河西走廊上不仅只有敦煌艺术这一个神话。

上述三个地域方向的艺术古迹虽然相对集中且富于内在历史传承联系，然而在有限的三个篇章，是难以讨论更多分布在华夏土地上的其他灿烂的造型艺术古迹的，诸如邯郸响堂山石窟的北齐皇家神采、陕北钟山石窟的北宋典雅意蕴、南京南朝神道造像的豪迈磅礴……如此众多具有高度艺术风采而又不被大众所知的古代遗迹，也会在第五章中加以评述推荐，以便为对传统造型艺术古迹做进一步深入探寻研究提供参考。

二 再识传统寺观、神道造型艺术

（一）卷轴书画系统之外的寺观、神道艺术

在中国艺术史的发展历程当中，从晋唐的人物绘画到宋元的山水花鸟乃至佛道壁画造像，充满“心象”东方哲学审美基因的传统造型艺术在历代画家匠师们的积累传承下创造出了令人惊叹的再现写实作品，于宋元时期到达巅峰。卷轴绘画、寺观壁画、彩塑以及道释人物画等示现公众的宗教造像作品，让吴道子、杨惠之、武宗元、朱好古等人名垂中国美术史，并见诸《历代名画记》《益州名画录》等古代画论文献。东晋顾恺之提出“以形写神”这样的绘画造型审美准则，在中国艺术进程从元代超越再现的审美思辨中日趋边缘，由于主流的文人画话语更推崇简淡天真的去技巧审美趣味，所以大量精彩传神的寺观宗教造像作品有意无意地被主流的文人画话语系统所忽视与屏蔽。时至今日，在博物馆之外依然遗存着相当多具有高度艺术水准和审美价值的宗教寺观造像艺术作品，并且很少为美术考古专业学者以外的大众所知。（图 1–1、图 1–2）

一些西方最重要的艺术博物馆，诸如大英博物馆，法国的吉美博物馆，美国的大都会博物馆、波士顿美术馆、堪萨斯城的纳尔逊·阿特金斯博物馆，加拿大皇家安大略博物馆，均有一个有趣的现象：其最重要的东方艺术珍品收藏，一方面是如历代中国文人所推崇的传为五代董源的《溪岸图》、传为宋代武宗元的《朝元仙仗图》等传世卷轴珍品；另一方面是五代、宋元时期风格写实、技巧精熟而又极富东方意境的寺观宗教壁画巨制与雕刻彩塑。其中寺观宗教壁画巨制与雕刻彩塑在中国美术史上地位并不高，在它的祖国——中国，被文人雅士主流艺术话语系统认为不具有高雅简逸的艺术气质。当时，中国主流艺术话语系统认为在造型技巧上过于精工的民间匠人作品，是得不到诸如“神、妙、逸”等上品的艺术称号的，顶多是巧匠所能达到的“能品之流”。正是有赖于西方艺术收藏界多元的艺术审美视角，这些作品才得以作为和文人书画卷轴作品平起平坐的古代中国艺术精华而流传于世（图 1–3）。从这个角度和意义上说，不管是敦煌也好，云冈、大足也好，还是那些山西晋南壁画群也好，这些在中国古代

1-1
安岳毗卢洞柳本尊十炼窟
北宋
摄影 / 刘晓曦

1-2
稷山青龙寺壁画菩萨像
元 摄影 / 刘晓曦

1-2

不入文人士大夫法眼的末流匠师作品，能够享有今天的世界知名度，也逐渐被近代受过西方美术鉴赏理论熏陶的中国文艺人士所青睐，除了西方人猎奇的因素，无疑和这些民间匠师作品本身所具有的那种精妙高超而又出神入化的造型能力与审美水平有着直接的关系。同时，收藏这些中国古代高度写实风格作品的西方文化人士，一定是从中找到了符合他们写实艺术造型准则血脉的某些因素，并做出了他们自己的“艺术”判断。正如斯坦因早于伯希和先挑选敦煌莫高窟藏经洞遗物，斯坦因挑选的大多是符合当时西方审美口味的较为写实的经幡佛像、上彩绢画，而把更具有文献考古价值的各类经文不经意地留给了伯希和。从现收藏于大英博物馆的斯坦因绢画收藏品呈较为写实的绘画风格来看，显然西方文化人士也只认同他们固有的造型审美趣味。

中国自古以来的书画艺术作品有着自己独立的审美评判，并不需要以西方艺术审美的观点为基准。但从另一方面来说，一些具有人类共同情绪感受的艺术审美价值倾向是存在的，正如一个未受过任何审美训练的普通人可以毫无障碍地接受文化特征相距甚远的古希腊雕刻和宋代院体花鸟画，而不能理解欣赏同一时代的马蒂斯和林风眠更为个性的现代作品。上述因素可以解释为什么在纽约大都会博物馆、堪萨斯城纳尔逊·阿特金斯博物馆的东方艺术厅，具有高度娴熟写实技巧和极富东方审美意趣的辽代木雕南海观音像和元代晋南壁画巨制会有如此高的地位。

然而值得庆幸的是，现在华夏本土大地上还有相当多乱世年代未被西方收藏家所发现与偷售，历经多次破坏仍然幸存下来，在艺术水平、审美高度上都毫不逊色于海外博物馆东方艺术收藏的寺观、石窟、宗教造像及神道石刻精品。（图 1–4）而大量在国内鲜为人知，虽早已列入全国重点保护对象，艺术视觉价值绝不在敦煌、龙门石窟之下的历代寺观、神道造型艺术遗产，知道其存在的也仅是少数专业艺术人士，其在国内的学术地位远不如在海外东方艺术史界那么高，故本书极力推荐这些传统卷轴书画系统之外的极富高妙视觉价值的中华传统寺观造型艺术杰作，开启一次重新认识其辉煌价值的视觉艺术发现之旅。

1-3
天龙山菩萨立像
石雕 高约1.3米 唐 瑞士雷特
伯格博物馆藏
摄影／刘晓曦

1-4
新绛福圣寺胁侍菩萨像
彩塑 高约3米 唐／元
摄影／刘晓曦

1-3

1-4

（二）寺观艺术古迹的重点地域分布

如果对具有重要视觉欣赏价值的历代寺观、神道造型艺术古迹进行梳理，我们会发现中华源远流长的文明古迹在神州大地上留下了为数众多、分布不均且保存状况与质量良莠不齐的艺术遗产。总体来看，中国历史上政治、文化、经济的繁荣之地，如果相对战乱较少，或者是处于重要的经济贸易文化传播交流要冲，往往会保存下更多的历朝历代的寺观宗教造像古迹。当然各处历代帝陵神道也是石雕造像遗存丰富的地方，比如唐顺陵、泰陵的石狮和带翼神马，比如南京丹阳句容野地里的南朝石辟邪、石天禄，再比如巩义田野里北宋七帝八陵的石像生和石狮，均是艺术价值不可估量的传统造型艺术珍宝。（图 1–5）

资源相对丰富多样，且极具视觉艺术欣赏价值的重要寺观宗教造型艺术遗存的分布，在全国范围内大致集中在三处地域。有巴蜀大地上的以两宋时期为代表的石窟摩崖石刻；密布于三晋沃土上以寺观古建筑为载体的木构、壁画、彩塑、琉璃传统艺术造型系统；还有就是以甘肃丝绸之路为脉络，自西向东以敦煌石窟最为著名的佛教艺术东渐的石窟群落。除了上述三处相对集中的石窟古建筑古迹遗存，还有一些相当精彩、视觉艺术价值极高却在我国主流美术史里默默无闻的石窟古建造型艺术珍品不能不在此鼎力相荐，如陕北的钟山石窟，堪称北宋石窟神品；河北邯郸的响堂山石窟，不愧为北齐皇家艺术的灿烂绝世之作；而以北京天宁寺塔以及辽阳白塔等辽代群塔塔身浮雕为代表的辽塔造型艺术，无不是闻所未闻、令人击节赞叹的艺术珍品！还有诸多不为人知的传统造型艺术遗存，均是不容错过的国宝遗珍！（图 1–6）

1–5
丹阳修安陵麒麟
石雕 高约 2.5 米 长约 3.5 米 南齐 摄影 / 刘晓曦

1–6
多福寺胁侍菩萨
彩塑 高约 2.6 米 明 摄影 / 刘晓曦

1-6

1-7

1–7 法兴寺圆觉像

彩塑 高约2米 北宋 摄影／刘晓曦

1. 山西古建寺观艺术呈现非凡视觉之美

山西省是我国名不虚传的地上文物第一大省，由于其独特的地理位置和历史文化背景，故积累遗存下来了众多的古代寺观建筑，且有相当多保存较为完好的唐、宋、辽、金时期的木构古建筑。我国境内目前所发现的被公认的四座唐代木构建筑就全部保存于山西境内，除了罕见的唐代木构古建，五代、辽、宋、金、元时期的木构建筑保有量在全国也是首屈一指，至于在其他省份尚属罕见的明清木构建筑更是不计其数。山西的木构古建堪称珍贵独特的古建筑寺观艺术系统，提出古建筑寺观艺术系统这个概念，就是因为山西省所拥有的大量造型艺术水平高、审美风格成熟的泥塑、壁画都原汁原味地保存在其诞生之际就互为依托的原配木构建筑里面。正是因当年相对完整保存下来的大小木构原殿，作为其内部组成的重要部分之壁画、泥塑、经幢乃至木构斗拱梁架本身才得以幸存下来。也正是从这个角度上讲，上至唐宋下至元明的一大批古建寺观及其附属的宗教造型艺术系统才得以较为完整地保留下来，为今天的我们及后世子孙留下了极其珍贵的历史文化艺术财富。（图 1–7）

如晋北五台山外围的佛光寺与南禅寺为我们留下了唐代雄劲雍容的木构建筑与华美的泥塑佛像，晋南芮城永乐宫为我们完整地保留下了令人惊叹的元代道教壁画与雄浑的建筑。再比如晋北大同地区雄伟壮观的善化寺与华严寺，应县的佛宫寺释迦塔，燕北朔州的崇福寺，无不是精美绝伦的辽金时期木建筑巨构。更令人不可思议的是，在这些堪称完美体现唐宋建筑遗韵的建筑物内部，依然完好地保存了大量艺术造型精湛、体量恢宏、典雅秀丽的旷世之作。另外在晋中、晋东南还有相当多唐、宋、元时期的古建寺观艺术精品，笔者在后面的篇章里会加以详细介绍。

2. 从甘肃丝绸之路石窟群看佛教艺术西风东渐

敦煌石窟是我国最著名的佛教艺术宝库，尤其是作为代表的莫高窟，更是在中国艺术史中几乎达到了神话般的境地，因其作为文化史、社会史上绕不开的节点，其光环远远超过云冈、龙门、麦积山石窟。

然而从传统造型艺术视觉价值的角度，却要注意到敦煌石窟虽然是河西走廊上最耀眼的一颗明珠，但是如果不把丝绸之路上一连串有关联的石窟群自西向东延展的现象加以共同探访，就很难体会与理解佛教造型艺术如何从荒凉苍茫的西域戈壁经河西走廊一步一步向中原内地发展变迁，中华本土造型艺术如何在外来艺术样式的影响下发展、变化与成熟，同时还会与敦煌艺术的光辉屏蔽下的其他石窟艺术珍品失之交臂。

比较全面的甘肃丝路石窟之旅除了要了解敦煌莫高窟外，还要更多地了解敦煌石窟艺术所代表的艺术历史线索。除了要观摩共同组成敦煌石窟艺术的莫高窟，榆林窟，东、西千佛洞和瓜州附近的锁阳古城遗迹，还要向东去参观嘉峪关魏晋壁画墓、张掖西夏时期的大佛寺、武威的文庙与天梯山石窟，再去东南考察永靖炳灵寺、兰州甘肃省博物馆，然后是兰州以东的甘谷大像山石窟，武山拉梢寺石崖和著名的麦积山石窟，最后不要忘了陇东北魏时期的南北石窟寺。只有对甘肃丝路走廊上一系列前后关联的重要石窟逐一寻访，一条佛教艺术从西域走向中原并与之交融的艺术史之路才会逐渐清晰可知。

3. 巴蜀安岳、大足的两宋石刻成就最后的石窟艺术高峰

在中国除了敦煌、云冈、龙门、麦积山这著名的四大石窟之外，以安岳、大足为代表的巴蜀石窟作为中国石窟史上的第三次高峰，堪称世界石窟造像艺术上的最后一次高潮，在世界石窟造像艺术中有着举足轻重的地位。

以以往艺术界对西南巴蜀石窟石刻的关注度与知名度而言，成功申报世界文化遗产的重庆大足石刻以耀眼的光芒轻易屏蔽了紧邻其境的四川安岳石刻。本书之所以要重新定义巴蜀安岳、大足石刻造像的学术称谓，其原因不仅是安岳石刻在造像年代上以北宋时期为主要代表，早于以南宋作品为主的大足石刻，更重要的是，仅仅从造型艺术的技巧水准和石刻造像的艺术审美品格而言，笔者以为安岳石刻所具有的那种沉浑劲逸、典雅醇和的北宋大气磅礴之精神审美气度较大足石刻精美劲折、典雅秀丽的南宋柔美婉约之风更能代表两宋时期那种格物致知、典雅醇和的写实审美高峰。因此，本书认为安岳石刻是更能代表巴蜀石刻最高艺术水平成就的典范，并不因为其名气不及大足而轻看它的艺术价值。

除了以安岳、大足为代表的两宋石窟，现在的四川、重庆地区还有初唐盛唐时期为风格代表的广元千佛崖、皇泽寺石窟，巴中的水宁寺以及合川涞滩的二佛寺宋代石窟等诸多石窟石刻，再加上四川省博物院内的南梁时期精美的南朝石刻，巴蜀石窟独有的艺术神采风韵，值得我们深入观摩研究。(图 1–8)

1-8
万佛寺出土佛立像
石刻 高约2米 南梁 四川省博物院藏 摄影/刘晓曦

在中国古代造型艺术发展史上，宋代的宫廷职业画家和民间艺术匠师在山水画、花鸟画、道释人物画以及寺观壁画雕塑作品的创作中，具有自然主义写实倾向的再现性作品达到了中国造型艺术史上的顶峰。在中国及世界各大艺术博物馆，宋画及与南北宋几乎同一时代的辽金寺观壁画雕塑作品都以其高度的写实技巧和典雅优美的审美气息受到全世界的高度赞誉。

恰恰是自唐末、五代以来中原北方石窟造像之风日渐衰落的情况下，南方的巴蜀大地上却掀起了日益兴盛昌隆的摩崖石刻造像之风。以安岳、大足为代表的南北宋时期巴蜀摩崖石刻造像作品，不仅创作时间跨度较长、存留数量众多、造型体量宏伟，在诸多佛像及供养人按照宗教仪轨造型开脸的前提下，同时也在造像的自然比例结构、性情迥异的个性化神态和具体物质质感细节的表现上达到了前所未有的再现性世俗化高峰。

两宋造型艺术在承接隋唐、五代写实化倾向的造型风格审美意识上，在新儒学思想所提倡的格物致知理念的渗透下，其所依赖的社会环境在政治经济制度、科技文化水平均达到中国历史上相对较高的文明程度，堪称中国历史上的文艺复兴时代。在此大背景下，颇具中国式文艺复兴风范的造型艺术审美精神，在北宋时期全景巨嶂山水式的磅礴气度和南宋边角小景更具真实视点和典雅诗意的写实风尚之气带动下，以巴蜀安岳、大足为代表的石刻造像作品一脉相承地继承了两宋时期卷轴画和而不同的精神审美气质。仅从造型处理上看，安岳石刻造像作品风格雄劲沉浑而又收放自如，大足石刻造像更典雅纤丽而甜美细腻，且充满了人间百态的世俗生活气息。

可以说，以安岳、大足摩崖石刻造像作品为典型代表的巴蜀石刻艺术精品，正好从传世的卷轴山水、花鸟画作品以外，在写实主义再现性造型技巧与审美精神水准上，提供了宋代醇和典雅的中国式写实审美风范最高巅峰的完美佐证！(图 1–9)

1–9
安岳茗山寺 2 号窟观音像
石刻 头高约 1 米 北宋 摄影／刘晓曦

1-9

1–10

1–10 钟山石窟第三窟左侧佛龛
彩绘石雕 主尊高约4米 北宋 摄影/刘晓曦

（三）中西方传统写实精神的审美差异

通常西方艺术界基本会默认如下看法，即西方文明世界所创造的写实性作品从模仿自然真实这个角度看，较中国传统艺术品在反映客观物象的技巧能力上更胜一筹。这种看法在某种程度上讲不无道理，目前许多中国既有的艺术认识也认同这一说法。尽管我们认同这个说法的前提是在抬高自己的艺术品更具有东方精神审美气质的高度，颇有前朝文人式审美思维的角度下默认的。因为以往的中国艺术家们往往惯用从传统主流文艺理论批评里继承下来的一套说辞，即中国的传统艺术作品更讲究追求比较虚玄的精神气质，也就是作品的意象内核，而不应在乎描绘对象的外表与细节真实与否，正如倪瓒所云："岂复较其似与非……枝之斜与直哉？"[1]

同时，传统文人画家所认定的气格高尚的作品，的确具有极高的东方文化审美价值，其在解释这些造型技巧上充满率真，气质朴拙，但在面对形体比例、解剖构造上显得主观失调的作品时，对其造型方式做出了诸如神韵、气息、古雅等较为虚玄的解释，从而成功回避了客观造型控制能力的问题，并为自身在精神审美高度上取得制高点。

但恰恰是上述主流的传统文人审美话语系统，掩盖了由中国古代天才般的民间匠师所创造的伟大写实性宗教造像作品。在这些具象造型手法、气质风格各异的壁画、雕塑作品中，既具有我们中国传统审美主张所推崇的气韵生动、神采高逸的精神气质，又兼具解剖造型上的生动精准、细节质感上的细腻精微。这本书所要论述的三条考察路线上的传统宗教造像作品，尽管长期以来被排斥在中国古代文人艺术审美的主流之外，但采取多元开放的视角，我们可以在山西寺观壁画、泥塑作品，巴蜀安岳、大足摩崖石刻作品，乃至更多石窟壁画里找到令人震惊的发现。（图 1–10）

中西方不同文明在艺术审美上有差异。就本书展开的话题而言，就是古代中国儒释道三教合一的文化生态与西方基督教文明在写实造型艺术上的审美气质差异。

从大的文化背景来说，以柏拉图模仿说为代表的西方世界写实性作品先驱——古希腊、古罗马雕塑，从实证的角度影响了后来历代西方写实性作品的发展演化，并成为西方文化的源头。在此之后，西方世界历经基督教的产生与扩张，并衍生出中世纪的宗教神权艺术需求，再到文艺复兴时期人文主义对艺术的影响，再到印象派绘画还原除形体空间外终极的色光真实为一段落。在这长达两千多年的时期里，靠手工完成的西方式写实主义作品的确在人类的艺术造型史上达到了登峰造极的程度。

而古代中国人从中庸、静虚哲学思想观出发，在艺术审美上追求人与天地万物和谐无为的处世人生哲学。尽管在唐宋元时期很多宗教造像佳作在具象写实的水平上也达到了相当可观的高度，但遗憾的是，写实风格作品形态从未在古代中国的艺术批评话语中达到过很高的地位。然而正是在这些遗存下来的杰出的非凡作品中，中国文化艺术所独有的意象审美精神特征，却在这些作品上不经意地保留下来。比如大同善化寺的六臂天尊像，一方面她的女性体态、肌肤弹性、衣饰的质地与厚薄都惟妙惟肖地表达塑造出来了；但另一方面，比如本应有如女性胸部乳房隆起的自然性别生理特征，中国古代的匠师在塑造表达上做出了符合中国文化道德审美精神的取舍：取消了富于性幻想的隆起乳房，取而代之的是扁平的中性胸部。这样塑造取舍有助于信众们参拜诸佛尊时摒弃杂念，以某种温和中性的身份引导人接受“存天理，灭人欲”的儒家理念。正是佛教教义在中国的传播中灵活地吸纳了本土儒家的某些精神理念，最终才得以在中土大地扎根壮大。

同样是善化寺的功德天像（图 1–11），也是以青春纯真的少女形象出现，这件作品不仅对人物形象、性格神态的塑造把握达到了写实主义炉火纯青的地步，而且她身上衣纹皱褶的表现处理，也表现出中国式写实技巧所侧重的那种既真实传神，同时又概括洗练的松紧律动节奏，有如在书法运笔时去把握线条运行过程中如“屋漏痕”“锥画沙”般的劲圆自然之感。正是这种有东方意象精神的写实性表达，让我们感受到真实衣纹皱褶质感的同时，又能体会到中国传统书画作品里对线条运用控制的主观节奏与律动，从而与西方雕塑绝对自然主义的刻画产生距离。

如果说中国寺观塑像和石窟石刻与西方各种材质的雕塑都是以长宽高这样的三维空间作为不可回避的立体体量空间，那么它们的主要审美差异还表现在形体细节的处理和对自然的模仿各有所侧重上。而在卷轴绘画和寺观壁画上，中国古代的写实作品对平面性线条的提炼运用就与西方追求三维立体空间的绘画拉开了很大距离。（图 1–12）

以永乐宫壁画为例，这组气势恢宏、令人肃穆的巨型道教人物壁画作品，非常明

1–11
善化寺功德天像局部
彩塑 高约3米 金 摄影／刘晓曦

1-11

1–12

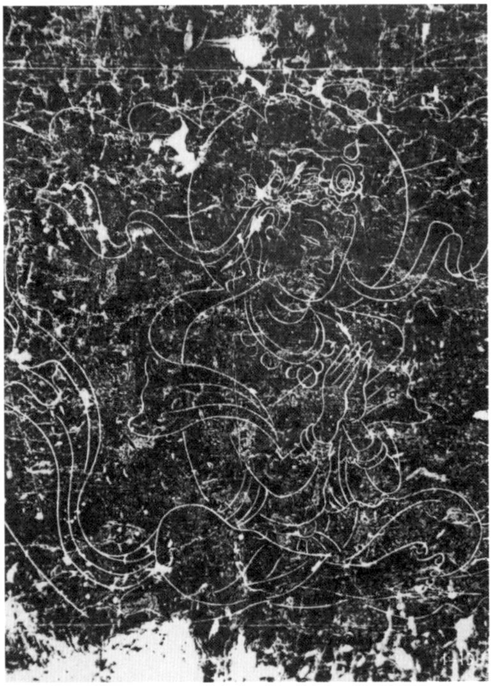

1-12
青莲寺地藏殿十王像之一
彩塑 高约2米 北宋 摄影/刘晓曦

1-13
小雁塔门楣石菩萨刻线拓片
高约0.4米 唐 摄影/刘晓曦

确地用线条的方式表达了中国式最高水平的写实性绘画特征。首先是中国的壁画匠师继承了吴道子、武宗元等前辈白描大师用线的绘画衣钵，仅仅通过运用线条的长短、前后、粗细、疏密、轻重、穿插、回转、顿挫等运笔手法，就在近五米高、约二十米长的巨幅墙面上营造出神态各异、姿态生动、等级森严、体态有别的天宫仙境。尽管永乐宫壁画在勾线的基础上也通过冷暖强弱的矿物重彩渲染华丽典雅的宗教气氛，但其装饰性用色的目的，并不是西方绘画那样力图通过色彩的强弱冷暖互补关系和黑白虚实明暗关系上的层次变化而营造出幻象式的三维立体真实。

将上文论述的中国传统造型艺术心理暗示手法所营造的意象真实和西方自然主义幻象式的视觉真实加以比较，可以得出如下结论：中国式的写实方式一贯追求物外之象的超自然真实，试图以“格物致知”式的哲学思考来把握未知客观世界的规律，即“理”。这里“理”是象征一种最高的存在，是符合中国艺术“以心观物，方得其理”的精神，而不是追求以目观物的幻象，因为中国文化的处世思想推崇只有心才能够领会客观物象的内在真理。所以尽管在追求理的过程中，例如唐宋时期一些高度写实的作品中，并不排斥在造型上有分寸拿捏地模仿，但穷尽视觉表现的手段与思想态度，从来不是东方中国文化艺术的审美核心。（图1–13）

（四）寺观宗教造像呈现历代艺术造型规律

中华文明源远流长，在中国造型艺术历史的发展演变中，从早期夏商周三代的青铜器至秦俑汉画像，从第一次蓬勃发展的魏晋南北朝佛教石窟造像风潮到隋唐中原地区寺观石窟造像艺术大规模的中兴繁盛，再经五代十国至两宋造型技艺日臻完美成熟直至流传元明时期的造型艺术余绪，从古代遗存下来的寺观泥塑、石窟石刻和宗教壁画当中，可以看到中国古代传统造型艺术一条明晰的风格语言发展线索。（图 1–14）

如果将其归纳起来，可以说在以中国古代东方世界观、哲学观为背景孕育而成的艺术精神影响之下，中国的造型艺术经历了从早期秦汉时代的本土自觉到最终于两宋之际融外来风格于无形，充满含蓄、典雅、意趣、成熟的中国式东方意象造型审美风格。正是唐宋时期对外来文化艺术那种有取有舍、为我所用的开放文化艺术精神，中华大地上成功孕育了高度自信、兼收并蓄的华夏民族风格气派，一扫魏晋南北朝时期，甚至隋唐作品中均有所流露的外来艺术风格样式特征，用中国传统的儒道中庸、无为的意象精神同化吸收带有世俗功利审美技巧的外来佛教艺术的写实造型手段，最终巧妙地把儒释道三者的文化精神熔为一炉，创造出了独具中国特色，既在造型手段上具有成熟自信的客观写实表征，又在精神审美上不拘于自然主义细节的“以心观象”式的意象表达，从而唤起对信众，乃至今天的艺术专家与爱好者的心灵共鸣！（图 1–15）

正如了解西方造型艺术首先要建立一个从古希腊古罗马时代，经中世纪黑暗时期至文艺复兴时期到印象主义转折时期再到现代主义和后现代这一艺术发展历程的具体艺术作品形象概念，才有助于理解不同艺术时期的风格语言。

那么立足国内的传统艺术宝库，本书正是要在难得一见的博物馆珍藏书画卷轴艺术系统之外，对一连串与地域历史文化相关联，且又有上下文艺术风格语言传承关系的艺术古迹进行实地观摩考察，让读者亲身直观体会什么是魏晋的秀骨清像和典雅妩媚、什么是盛唐的雄健豪迈和雍容大度、什么是宋元的醇和典雅与劲逸散淡。这些在教科书上被奉为经典的历代艺术审美语言评述符号，要么是抽象的文字，要么是平面印刷的图像，的确不足以像现场作品那样感动人的心灵。正如无论多么精美清晰的印刷图像也不能替代原作的神采气息一样，在对传统艺术的研究中，如果不能在博物馆、在寺观石窟现场作品面前观摩体会原作的质感细节与精神气息，那么从书本中看到的仅仅是一种程式化的表象。其作品内在的艺术审美精神，除非亲临现场感知，否则无

1-14
青州佛立像
石雕 高约1米 北齐 摄影/刘晓曦

1-14

1–15
福圣寺南海观音像
彩塑　高约 1.8 米　元　摄影 / 刘晓曦

异于缘木求鱼，甚而至于断章取义。

虽然某地域的古代艺术作品并不一定能串起上至秦汉，下至元明的发展线索，但通过某一地域方向上相互关联的具有上下文关系的造型艺术作品，依然可以建立起中国艺术史上某一具有代表性的造型风格语言线索。

比如对巴蜀安岳、大足石刻的实地观摩考察，不仅可以体会两宋时期完全中国化审美造型风格的精美写实造像，还可以分别从这些作品中去感受北宋独有的沉浑劲逸之大气风范和南宋精巧劲折的雅丽之风，从而可以对总体审美上称为典雅醇和的宋代艺术精神气质因前后时代变化产生的微妙审美趣味差异进行详细比对。

如果时间充裕，可对山西从南到北一系列寺观石窟造像艺术进行考察，则可最为全面地比较感受从北朝云冈石窟到永乐宫、双林寺这类元明时期最为杰出精彩的上乘艺术作品。广义上甚至还包括国宝级的唐宋元明木构建筑造型艺术，通过实地观察体会这些无比珍贵的古代建筑艺术作品，观者可以从另一个角度去感悟历代木构建筑本体的造型变化之美。

而对河西丝路走廊石窟群进行逐步探访，尽管其现存许多艺术作品的保存不够完好，进入参观不容易，但分析一连串石窟造像的风格演变，也足以体会从魏晋到唐宋元明的造型语言风韵和丝绸之路上东西方文化艺术的交流与碰撞。

因而从造型风格语言演化发展这个角度而言，系统实地观摩古代宗教造像艺术作品，会更明白并直观地建立起观者对中国传统艺术造型规律的理解与认知。

三 未被正视的伟大造型艺术遗产

（一）仍被忽视的非著名寺观艺术成就

中国古代艺术作品流传至今，在主流艺术话语中，地位最高的依然是那些历代有文人气质背景的书画作品。除开那些毋庸置疑的历代著名卷轴作品，今天的中国美术史家和艺术家大多数并不真正看重遗存在寺观、石窟中的大量高水平的宗教造像作品，而这些同样富有较高中国审美造型价值的具象写实作品，正是西方世界东方艺术品收藏体系中和中国历代卷轴书画作品具有同等价值地位的中国艺术杰作。西方各大艺术博物馆所珍藏的大量重要的历魏晋至唐、宋、元、明时期的寺观石窟写实艺术精品，在价值地位上和其收藏的顶级中国古代书画作品并无高下之分。这其间最主要的原因就是西方艺术史家和艺术欣赏者没有我们所谓的文人审美趣味障碍，当然我们的传统审美观点可以轻视其为某种文化误读。但正是西方艺术界的发现与赞誉，不仅提高了中国古代文化艺术的声誉，也造就了像敦煌、云冈、大足这样具有中国文化气派的世界知名艺术宝库。

基于我国自身的伟大艺术传统，自古以来我们主流的文艺批评建立了一套权威的艺术评价话语体系。在这个话语系统最高级的评价认同中，无疑是有文人画审美倾向的，那些纵写胸中逸气、追求心象的具有轻松淡雅、质朴古拙意象风格诉求的非功利书画卷轴作品备受推崇。如果其他艺术作品本身有比较现实的目的，比如宗教寺观壁画或泥塑石刻造像，或者因为其有精湛专业的技巧造型手段，或者因其完全是一种商业买卖行为，那么像此类撇开艺术作品表现原貌本身而主要以其艺术审美倾向和文人士大夫特定笔墨造型趣味的评定标准来看，上至隋唐，下至两宋元明，有相当多的既具有成熟精妙写实技巧手段，又在审美意境上典雅大方的寺观宗教造像作品，因一直不入文人审美话语系统，故在中国美术史上始终没有得到应有的地位和评价。

正如美国著名中国艺术史家高居翰教授所说的那样，他毕其一生研究传统中国绘画，正因为其对中国古代绘画传统及与之相伴的鉴藏传统皆怀有深深的敬意。他认为，中国传统文人画的审美观到后期日益约束画家的风格和题材，将其不喜欢的创作视为

1–16
慈相寺过去佛
彩塑 高约4米 金 摄影/刘晓曦

“粗鄙”与“不雅”，受此观念的影响，画家认为高级的艺术要超越写实性的图画趣味，诸如愉悦动人的主题、故事画、风俗画或其他世人感兴趣的题材。再诸如装饰性的美感，娴熟高超的绘画技巧等等。不管怎样，这些因素都被看作是媚俗的低级表现，是万万登不上文人自诩的大雅之堂。的确如上述精辟见解分析的那样，在本书介绍的古代艺术遗迹存留下来的大量石窟、寺观宗教造像作品中，相当多的作品有独特的造型语汇，有精妙娴熟的造型技巧，更不缺乏优美精彩的动态与神态，而且还具有明确的宗教世俗需求，这些具有普世美感的写实性寺观石窟造像杰作，尽管在审美境界上其典雅大方的艺术神采早已大大超越其同时代的庸俗之作，但因为其与生俱来的写实性审美倾向和精湛技巧之表现手段，终也不入文人审美范畴，故在古代中国美术史上地位低下也就可想而知了。（图 1–16）

今天在主流的传统寺观宗教造型艺术评价体系里，像敦煌石窟、云冈石窟、龙门石窟、麦积山石窟、大足石窟等驰誉世界、知名度极高的传统造型艺术作品在我国的

1-17

1–17
多福寺天王像
彩塑 高约2.6米 明 摄影／刘晓曦

1–18
钟山石窟迦叶侧面头像
石雕 高约2米 北宋
摄影／刘晓曦

1–18

艺术界和美术史里早已是举足轻重的评价标杆，然而这样的评价更多的是基于结合了社会史、文化史方面的学理性判断，其造型艺术语言本体上的优劣，却并未在现今的主流评价体系里得到应有的重视与讨论。

和名人效应一样，拥有世界文化遗产这样显赫头衔的著名传统艺术宝库，如敦煌石窟、大足石窟等，这些负有盛名的艺术遗存一方面得益于较早就受到西方文化艺术界的关注和垂青，不仅在专业人士和普通民众中享有极高的知名度，同时国家资源和学术资源也不停地强化了其权威地位。如此一来，其遗迹本身便受到国家最高规格的保护，虽然从文物保护角度理应如此，可客观上却极大地限制了普通人观摩到真正有视觉艺术价值的精华之处。更令人痛惜的是，由于国家总体文物保护资源的有限和专业理论界有意无意的忽视，华夏大地上还有太多虽说名义上是全国重点保护文物，但却名声不显的寺观、神道造型艺术珍品，其在造型艺术本体语言上的艺术审美价值绝不亚于前述著名世界文化遗产，却不仅未能得到有效保护，更令人惋惜的是其艺术价值本身也并未得到相关专家的公允评价，甚至绝大多数美术院校的造型专业师生都闻所未闻。如此众多极具造型艺术价值的绝品孤品未能在当今主流中国传统造型艺术理论界和美术界受到重视，正是本书鼎力推荐它们的原因。（图 1–17、图 1–18）

1-19

1-20

1-19
双林寺罗汉殿群像
彩塑 高约2米 北宋 摄影／刘晓曦

1-20
淶滩二佛寺善财童子像
石刻 高约2米 南宋 摄影／刘晓曦

今天艺术界之所以如此重视具有“世界文化遗产”称号的四大石窟等为代表的传统寺观石窟寺艺术，不仅是因为其中的壁画、彩塑享有驰名世界的知名度，而且这些文化遗产本身具有从社会史、文化史、宗教史等诸多文化文献层面的纯学术理论价值。但反过来，本书将要重点评述的众多非著名传统造型艺术珍品，其不被大众所知的原因可能是缺乏相关的文献记载，可能是地处偏远的荒野，也可能是缺乏某个名人大腕的垂青，甚至可能就是被近在身边的“世界文化遗产”称号所屏蔽或被大众民俗旅游爆点所掩盖，而书中所介绍的巴蜀石窟和山西众多寺观艺术精品目前的状况，恰恰印证了这一推论。（图 1-19、图 1-20）

本书各章重点评述的不太为人所知的古代艺术遗迹，虽然有些缺乏可靠的考古断代证据和文献记录，并且造型艺术视觉价值这样的主观审美判断难免有个人喜好的因素，但是作为一件造型艺术品，就其同时代的审美背景和艺术语言法则来衡量，却也绝非个人主观臆断。本书希望更多的专业学者和传统艺术爱好者通过一系列非著名的寺观、神道艺术珍品的实地探访之旅，用自己的眼光发现认识其特有的艺术神采，重新标定其应有的艺术史地位！

（二）比肩西方写实传统的艺术再现高度

人类的文明史和艺术史有不同的发源地和不同的轨迹，正如不同的艺术传统有不同的审美造型方式。而象征人类追求和理解世界内在客观规律的各方面却一样，早期人类文明对于客观反映这个世界生活的真实性艺术追求，出现在了古代各文明古国的艺术作品之中。

从早期西亚亚述文明狩猎场面的浮雕作品中，从古希腊、古罗马人神共同崇拜的完美人体石雕作品中，从中国秦始皇地下陵墓气势宏伟的兵马俑侍卫阵列中，我们不难发现每一种文明在艺术造型探索上都走过了从原始稚拙到成熟自如的发展历程。中国古代造型技巧从原始早期简单的土陶几何纹样发展到秦帝国具有高度写实化处理技巧的兵马俑陪葬品（尽管当时并不是当作艺术品而生产），20 世纪 70 年代秦兵马俑的出土发现，弥补了四大文明古国中唯有中国没有发现高度写实性造型作品的缺憾。

从以兵马俑为早期中国较为完善的造型艺术作品到东西两汉时期广泛流行的汉画像石、砖，包括地位等级更高的汉阙石雕作品和平凡普通的汉代土陶明器陪葬品，作品中都呈现了非常单纯生动而又朴质雄劲的本土化东方写实意象造型审美情趣。尤其是遗存至今的汉代将相王侯的神道石阙，除了阙顶仿木石雕斗拱和额枋装饰浮雕呈现了富有生活情趣的画像石风韵，其阙身上常采用的带翼青龙白虎浮雕，亦体现了雄健写实又精妙传神的东方意象精神。这种雄健而人性的造型审美风格，足以代表汉代最高造型审美水平，难怪当年法国汉学家谢阁兰无比赞叹地说："伟大的汉，所有朝代中最中国的一个。"[2]的确，秦汉时代的中国本土造型艺术作品，不管是皇帝的地下军队还是宫室墓阙乃至民间的土陶陪葬明器，所体现出来的那种生动意象的人性化审美，无不反映出佛教艺术传入中原以前那种仙道思想所尊崇的天上人间都是不同极乐世界的朴素思想。正是基于这种乐观的哲学思想背景，在兵马俑忠诚坚毅的脸上，在青龙白虎奋腾欲飞的挣扎动势上，在说唱俑生动俏皮的表情上，我们明显看出秦汉时期古代中国人在造型艺术上既有客观写实的生活基础，同时又有不拘泥于自然细节的奔放意象。从这个意义上说，秦汉时代中国古人成道升仙的乐观来世思想，造就了传统中国在造型审美理念上既写实又写意的文化基因。（图 1–21）

尽管在从秦汉到隋唐近千年的历史发展中，中国本土艺术在造型水平的具象写实能力上达到了相当的高度，但在古代中国人眼里，画家的目标不仅仅是模仿自然，中国的艺术家（尽管那时不能称为艺术家）的目标在于把握客观物象的灵动与变化。绘画造型的目的，正如东晋著名人物画家顾恺之（约 344—406 年）所说，绘画是"以形写神"，画家作画造型描绘客观物体，形似是必备的要素，是以绘形的手段达到传神这一目的。因此在魏晋南北朝时期，整个绘画造型领域遵从顾恺之"以形写神"和谢赫（约 500—535 年）"六法"中居第一位的"气韵生动"之艺术审美风尚。这种文艺理论所推崇的坦然率真、质朴简淡的名士审美主张在传统的书法绘画艺术领域内取

1–21
汉画像砖出行图拓片
东汉 四川省博物馆藏 摄影／刘晓曦

得绝对的主导地位。伴随佛教东传进入中原的石窟造像艺术，其固有的印度艺术风格和中西亚广受古希腊风格影响的犍陀罗艺术所具有的那种对敏感光影进行塑造的“凹凸法”，以及对形体比例构造得当的真实人物形象的关注，对于中国固有的绘画造型传统审美方式形成了有力冲击。在此影响下，从克孜尔千佛洞到云冈石窟，从建康（今南京）栖霞寺千佛岩到成都万佛寺，众多魏晋南北朝时期的壁画佛像作品，其造型艺术特征虽有外来艺术对体积结构的偏好，但从其衣纹线条与神采气息的把握来看，则更具东方审美的清灵逸动。（图 1–22）

正是在这个东西方艺术风格相互影响、相互交流的南北朝时期，北方少数民族政权和代表中原汉族文化的南朝政权在精神文化领域中相交融合、自由发展，在包括上述西方民族的外来艺术风格的影响下，形成了非常有名的秀骨清像式魏晋名士造型风范。

魏晋南北朝时期是中国艺术造型发展史上一个相当关键的自由交融时期，广泛而又深远的东西方和南北政权文化艺术的碰撞，形成了这个时代独有的崭新面貌，而在此之后的隋唐辉煌灿烂的艺术成就，正是从这个时代的基础上向前迈进的。

如前文所述，传统中国绘画造型“以形写神”“气韵生动”的意象性审美追求让中国古代艺术家也会以形似为手段去追求他们心目中的传神之意，并在唐宋时期职业寺观画家和官方院体画家的天才式作品和社会生活实际需求的推动下，中国古代的造型艺术在绘画造型领域，尤其在宗教寺观壁画泥塑和石窟石刻造像上，表现出堪比西方文艺复兴时期那种对人和自然生动而又写实的高度技巧与能力，并且充满了人性的光辉和东方审美所特有的意象气质。（图 1–23）

佛教在中华大地的传播历史上，一直和中国的本土宗教——道教相互竞争，以博得更大生存空间并最终取得统治性地位。在这种历史背景下，历代帝王出于统治的需要曾分别对佛道两家推崇有加，由此而产生的为宣扬宗教教义和赢得更多信众的信服与皈依的寺观宗教壁画、雕塑作品自然会采用本土化的形象和更逼真可信的视觉手段来加强宣扬其教义。最有名的例子就是初唐天才壁画线描大师吴道子的壁画故事。吴道子曾为某寺院画地狱变壁画，成画之后，京师众人前往观瞻，见其笔力劲怒，睹之不觉毛骨悚然，那十堵大墙上精妙写实的地狱壁画情景，让长安东西两市的屠夫鱼贩停工改业，不敢杀生。从这个故事中我们不仅能看出吴道子之画神采飞扬、气度非凡，同时可见其有如神工相助的深刻写实的造型技巧。

1–22
须弥山石窟 51 窟佛像
石胎泥塑 高约 8 米 北周 摄影 / 刘晓曦

1–23
太符观天女像
彩塑 高约 2 米 金 摄影 / 刘晓曦

1-23

1–24
《送子天王图》局部（宋摹本）
吴道子 唐 大阪市立美术馆藏
图像引自中信出版集团 2016 版吴道子
《中国美术史·大师原典·吴道子·送子天王图》

正是佛道两家在宗教生存空间上的相互角力与自我发展，从寺观壁画、雕塑系统里逐渐演化出更加中国化和更加具象写实化的历代宗教造像作品。这些天然带有不拘泥于自然主义细节的东方意象精神的写实作品，以具高度娴熟的写实造型技巧和层出不穷的表现手法，从初盛唐至中晚唐产生的大量风格独具、造型风姿雍容但还是有明显西方化“S”形律动的人体造型，经五代发展到两宋时期已演变为具有完全中国本土造型气派的高度典雅醇和的写实性作品。

中国古代现实生活中从来不缺乏画家、民众对于真实艺术造型的追求，这可以在许多世界级博物馆所收藏的中国古代泥塑、木雕、石刻、卷轴作品上得到证明。以国内晋城玉皇庙元代道教泥塑作品为例，西庑殿里的二十八星宿造像，其艺术构思的精彩浪漫和令人信服的高超写实造型把握，让人不得不相信冥冥之中确有主宰日常生活凶吉祸福的天罡地煞。一般而言，普通民众对于宗教教义的理解与信服，往往有赖于具象写实造像作品巨大的心理暗示感染力。前文曾讲到过的吴道子在京城寺观作壁画，作鬼神轮回，立挥而就，得益于其高超的生动写实的绘画技巧。因其地狱场景表现得十分真切，以至第二天京师屠夫鱼贩纷纷罢业、改行而不敢杀生。此虽为历史故事，但足以证明写实性技巧对于视觉的感染力以及和世俗生活的紧密联系。（图 1–24）

中国古代写实风格的造型艺术，在两宋时期因院体绘画的官方提倡达到顶峰，其余绪延传至元明时期，但这以后，主流的卷轴绘画系统便不再有以高度写实为出发点的重要作品。虽然写实性风格诉求的作品在文人主流卷轴绘画审美领域不被看重，但是在民间，从唐宋到元明，在寺观石窟宗教造像领域范围内，被民间画工塑匠奉为祖师的吴道子、武宗元门派的写实造型风格技巧却一直传承不辍。在诸多以示现公众信徒为目的的宗教造像作品里，因对视觉真实的追求而涌现出无数再现写实的伟大杰作。这些至今潜藏在寺观石窟中的壁画、泥塑、石刻作品，无疑都是具有高度艺术造型技巧和东方审美精神的罕见杰作，而正是这些鲜为人知的古代艺术杰作为我们的艺术考察提供了卷轴书画系统以外的宝贵造型艺术遗产。诸多伟大写实性寺观宗教造像遗存的出现，正好印证了以吴道子、武宗元为代表的传统写实艺术风貌。（图 1–25）

纵观历代令人叹服的寺观宗教造像杰作，无论是曲阳、青州出土的北齐造像，还是山西精绝的宋、辽、金、元彩塑，再或是安岳茗山寺、陕北钟山石窟等珍稀遗存均表明，中国古代的寺观宗教具象再现性作品不仅有高超的写实性技巧，同时兼备独特的东方审美关照，正视其在造型艺术传统中的高度成就，非常有助于建立本土文化艺术复兴的自信。（图 1–26、图 1–27）

1–25
曲阳北岳庙《云行雨施》局部
高约 8 米 元 摄影 / 曹敬平

1–26
安岳华严洞圆觉像之一
石刻　高约2米　北宋　摄影／刘晓曦

1–27
曲阳修德寺出土菩萨立像
高约 1.5 米 北齐 河北省博物院藏 摄影 / 刘晓曦

1–28
响堂山大佛洞洞壁雕饰
北齐　摄影／刘晓曦

四 于传统造型艺术巡礼中重建文化自信

今天不仅是一个全球化的多元时代，地球村之说昭示的信息距离在某种程度上其实是话语权拥有者一方的单向透明。在政治、经济、科技、文化领域，西方文明体系下的艺术话语与资讯悄无声息地塑造着以西方评判价值为标准的艺术权威，尽管这不一定是出于阴谋论，但无疑是全球艺术生态自然演进的结果。

当代西方主流文化传统上具有开明多元的特质，也包容一些其他地域民族的不同艺术文化传统。正因为其内在强大的文化自信与理性求证精神，西方艺术史从古希腊文明发展至今天的当代艺术，自是有其一条从未中断过的文化艺术传承脉络。这条文化艺术脉络在不同时代的演进与发展，让西方艺术价值观在今天的世界艺术领域处于强势地位。

今天的中国社会也正处于全球一体化进程中，中国的艺术生态领域也不可避免地在各方面受到强势西方文化的影响与渗透。毫无疑问，今天的中国艺术领域所面对的自由度和多元视角是中国艺术历史上前所未有的发展机遇与外来挑战。如果一个民族，或者一种文化艺术要在世界民族之林占有一席之地并影响深远，除了要基于这个国家、民族强大的政治经济地位之外，其软实力也是决定性的因素。而软实力的大小和影响，正是靠其独有的深厚传统文化艺术资源来加以实现的。

得益于电子技术与网络的普及，研究传统艺术固然可以从互联网上去查找、下载大量古代中国艺术精品的信息与影像，一方面，这些虚拟图像方便了检索与欣赏，但另一方面，脱离实境的虚拟幻象让人很难把握其核心的神采气息。换句话说，它不是艺术品实体原作，不能提供给人那种无法代替的现场观感。很多微妙的审美感受和细节观察的韵味被阻挡在这虚拟的图像之外。想要有效提高对传统艺术的认同与自信，就需要在魏晋南北朝石窟造像典雅妩媚的微笑之中，在秦俑汉阙雄厚劲健的古朴里，在盛唐古建佛像雄健自信的生命律动中，在宋元雕刻壁画的醇和劲逸里向伟大的传统造型艺术观摩巡礼，在实地探访中加深对艺术史文本中历史语境的体悟，并了解其上下文关系，这无疑是最具感染力的途径。（图1–28）

第二章

巴蜀石窟艺术

一 巴蜀石窟艺术概述

过去说巴蜀，指的是四川。在秦王朝将四川纳入其中央帝国的版图以前，四川盆地地域上存在着巴和蜀两个古老的王国。蜀控制着盆地西部的平原地区，巴则占据着盆地东部的丘陵地区。而今天再说巴蜀，则分别指 1997 年从四川分列出来升为直辖市的重庆 (巴) 和四川 (蜀)。

巴蜀作为一个文化地域概念，至今在其境内遗存了大量的文化艺术古迹。巴蜀境内广泛分布有东西两汉时期的画像石和画像砖，出土了大量造型生动有趣、富于生活气息的各类陶俑明器。作为一个具有深厚悠远的石刻石雕造型艺术传统文化的地域，巴蜀地区不仅保存有数量最多与雕刻艺术水平都处于全国上乘的汉代神道墓阙，还遗留下来上至隋唐五代，下至两宋明清的大量石窟石刻造像。这些在全国范围内分布最密集、摩崖造像数量最多、宗教类型和题材内容广泛多样、艺术水平相当高的西南石窟石刻群，在历史上中原北方经南北朝和隋唐两次石窟造像高潮之后普遍衰落之际，延续发展了中国石窟石刻造像艺术，在两宋时期达到第三次高潮，并成为世界石窟造像史上最辉煌的谢幕。（图 2–1）

分布于巴蜀各地的安岳石窟、大足石窟、广元石窟、巴中石窟、涞滩石窟等诸多石窟石刻，以规模之大、造诣之深、内容之丰富、雕刻艺术水平之精、保存之完好，令人叹为观止。这些以两宋石刻为代表的摩崖石刻造像，无论从哪种角度来看，都在中国佛教史和艺术史上占有非常重要的地位。（图 2–2）

石窟作为宗教造像的重要类别之一，与中国北方地区两宋以后普遍流行于木构建筑寺观中的木雕、泥塑等宗教造像样式不同，大规模的石窟寺及摩崖造像需要硬度、体量适合的山体崖面，强烈的宗教信仰驱动，流行的开窟造像风气和稳定富裕的社会经济条件。而这诸多难以集于一身的条件巴蜀地区却独自兼备。四川盆地广泛分布着沙质细腻且硬度适中易于开凿的各类砂岩，尤以红砂岩为多。自东汉以来就广为流行开凿崖洞和耗费巨资修凿石质神道墓阙。在汉晋时期，佛教在四川已有传播，南北朝时期更成为一种普遍信仰。当南朝的佛教造像风气传入四川以后，佛教及道教信众广泛在四川各地山间崖壁开窟造像，建立了各类寺观。从唐末安史之乱以来，经五代至

2-1
安岳毗卢洞天王像石刻
高约3米 北宋 摄影／刘晓曦

2-2
大足石门山西方三圣窟莲手观音像
石刻 高约1.7米 南宋 摄影／刘晓曦

2-3
大足石门山西方三圣窟观音像
石刻 高约2米 南宋 摄影／刘晓曦

2-4
大足石门山三皇洞文官头像
石刻 高约2米 南宋 摄影／刘晓曦

2-1

2-2

2-3

2-4

北宋前期，中原民生凋敝，但整个四川却在割据统治政权下持续平稳繁荣的社会经济生活，956 年后蜀孟昶政权还在成都建立了中国历史上第一个皇家画院，黄筌父子均是皇帝最重视的画家。基于这样稳定富足的社会条件和文化风气，中原各地有影响的僧侣、文士、商贾和佛教信徒通过金牛、米仓两条著名的蜀道翻越秦岭巴山来到四川盆地，依托当地良好的经济基础和浓厚的文化传统，推动了四川地区的文化、宗教和宗教造像艺术的发展并至历史的高峰。（图 2–3）

从唐末到宋初，四川盆地一度成为全国佛教及其艺术的中心，其影响扩展到河西的敦煌及南诏的大理。两宋时期，上承天子创办皇家画院对于绘画艺术的提倡与推动，下有商贾平民发愿造像的宗教信仰，巴蜀地区以安岳、大足密宗石窟造像为代表的，在造型手法上取材世俗生活情景与以具象写实为审美追求的宗教造像作品在中国石窟造型艺术上达到了前所未有的高度。

然而随着历史的向前推进，蒙元大军南下，及至明末清初，半个世纪的战火，让尚有几分唐宋遗韵的传统文化在整个四川社会经济体系被彻底摧毁之际，无可挽回地凋谢。

所幸，今天还可以通过实地艺术考察，还能够在博物馆，能够在巴山蜀地田林山野中重新通过对有代表性的石窟石刻造像艺术的观摩，去感受与体会曾经的蜀风汉韵、

2-5

2-5 安岳茗山寺 2 号窟观音头像
石刻 头高约 1 米 北宋 摄影 / 刘晓曦

唐宋遗音。（图 2–4）

本书首先介绍代表中国古代写实审美风格最高水准的巴蜀摩崖石刻造像，由于历史机遇等诸多原因，巴蜀石刻最著名的代表——大足石刻因成功名列世界文化遗产，其名声与艺术影响力在众多两宋石刻中独步巴蜀，其灿烂的艺术光芒直接屏蔽了紧邻其西北面、历史年代更早、造型艺术技巧和精神审美更加卓越高超的安岳石刻。本书认为，安岳石窟石刻才是巴蜀石刻艺术成就的最高代表。这仅作为研究宝贵巴蜀石刻艺术遗产的另一种学术观点与见解，并无贬低大足石刻艺术的意图，在此说明，以免引起不必要的误会。

的确，以南宋时期作品为主的大足石刻享有极高的世界性文化艺术知名度，并且也代表了南宋时期典雅秀丽、柔美婉转的写实审美高峰。但无论是单体造像的造型技巧与审美气度，还是总体造像的庞大数量，至今在艺术界名微言轻的北宋时期的安岳石刻都在大足石刻之上，不愧于王朝闻先生“古、多、精、美”的评价。其高度精湛传神的雕刻造型技巧和磅礴大气又不失典雅醇和的高超审美气度，恰恰是本书艺术考察之旅中最为推崇的巴蜀石刻艺术翘楚！（图 2–5）

考察观摩巴蜀地区古代伟大的写实石刻造像，安岳和大足石刻作为两宋时期最为杰出的典型代表，分别代表了北宋和南宋时期和而不同的风格技巧与审美风范，且深具艺术发展传承的上下文关系。只有深入了解上述风格的差异与联系，才能对安岳、大足石刻这一对堪称双璧合一的伟大造型艺术遗产做出更为全面的理解与评判，并对安岳石刻极高的艺术成就给予恰当的评价。

二　安岳石窟艺术

如前文所言，大足石刻艺术在全国乃至世界范围内享有很高的艺术声誉。早在20世纪40年代，梁思成、杨家骆等著名文化人士将大足石刻介绍给了西方世界，大足石刻从此声名鹊起。

大足石刻保存完好，分布相对集中，又于20世纪末申遗成为世界文化遗产，其艺术影响力可谓家喻户晓。但是观摩古代传统艺术并不是看名气的大小，恰恰需要观摩体会的是具有真正艺术价值的作品。安岳石刻所代表的北宋时期石刻造像艺术，无论是其审美精神气度上的那种巨嶂山水式的雄劲磅礴之感，还是其造型写实技巧尽精微，至广大而又收放自如的高度艺术感染力，才是当之无愧的巴蜀石刻艺术之冠。

安岳，古称普州，位于四川盆地中部，东南临大足，扼成渝古道要冲。从北周建德四年(575年)设普州县治至今，历时1400多年。其境内大量“古、多、精、美”(王朝闻语)的摩崖石窟石刻，不仅是巴蜀石窟群落数量之最，在中国石窟艺术写实审美风格上也达到了超越大足的高水准。安岳石窟在中国

2-6

2-6
安岳毗卢洞『柳本尊十炼』之炼顶
石刻　高约1.5米　北宋　摄影／刘晓曦

2-7
安岳华严洞右侧圆觉菩萨群像
石刻　主尊高约4.1米　北宋　摄影／刘晓曦

2-8
安岳千佛寨八观音像
石刻　高约1.8米　北宋　摄影／刘晓曦

2-7

2-8

石窟艺术发展史上发挥了上承云冈、龙门，下启大足石刻的重要作用。

据《安岳县志》记载，安岳石窟石刻造像始于隋，兴于唐，续于五代，兴盛于北宋。在南宋，其造像艺术影响力则流传于相邻的大足，至明清还有余绪。安岳石窟石刻以佛教造像为主，兼有儒释道三教合一的宗教造型艺术载体，县城北边多显教内容，县城东南多密宗题材。安岳石窟在分布上也很有特点，遵循中国佛教造像传播的路线，继云冈、龙门、麦积山等处大规模石窟造像之后，在南北朝、隋、初唐时传入四川广元、巴中、绵阳，再顺涪江流域传入安岳。集中在今县城西北部靠近遂宁、乐至方向的石窟摩崖造像如千佛寨、卧佛院、玄庙观等，多是初盛唐时期的作品。中晚唐到五代宋初的作品则集中在县城中部的圆觉洞、高升大佛、塔坡等地。而最具艺术价值的北宋重量级作品，则是从县城中部向东南的毗卢洞、华严洞、茗山寺和孔雀洞等与重庆大足接壤的方向发展。安岳最有代表性的石窟石刻分布，是由县城西北向东南延伸，基本上构成一条线上的三个重点。（图 2–6、图 2–7）

安岳石刻鼎盛于五代、北宋——北方和中原石窟艺术没落之际，虽然造像风格气息深受中原、北方及川北广元、巴中石刻的影响，但在五代、宋初绘画造型艺术所崇尚的写实性审美追求的时代背景下，巧妙地融入了民族化、地方

2–9
《夏山图》绢本
纵 0.45 米　横 1.15 米　屈鼎　北宋
纽约大都会博物馆藏
图像引自上海书画出版社 2019 版石守谦《艺术史界·山鸣谷应：中国山水画和观众的历史》第 36—37 页

化、世俗化的艺术特色，摆脱了唐代中西造型艺术相融合之后仍有明显外来风格形式的影响，成为佛教造像艺术经后来的大足石刻艺术走向彻底中国化的杰出代表。（图2-8）就学习古代造型艺术而言，安岳石刻最具特色的不仅有以柳本尊为代表的四川密宗教派，还有相关的地方性题材等文化历史方面的价值；从纯粹的艺术造型审美来看，安岳境内多处北宋时期雕刻的造型沉浑雄劲、技巧手法精微宏大的群体造像组合，不仅把佛像的庄严慈悲、壮观崇高之感和世俗人性的端庄俊逸、典雅醇和之美集于一身，同时从这些精美绝伦的宗教造像作品流露出来的时代气息中，更能深深地感受到北宋时期绘画艺术中蕴含的那种包孕万象生机的和谐宇宙之理。（图2-9）

从总体上看，王朝闻先生对安岳石刻面貌特点做出“古、多、精、美”的四字评价相当精辟，可惜老先生未能进一步从艺术审美价值的高度给安岳众多壮观隽美的北

2-9

宋石刻巨匠们所创造出的伟大石雕造像作品在中国美术史和石窟艺术史上的价值地位做出评判。依笔者个人之见，茗山寺、华严洞、毗卢洞等北宋作品和八庙卧佛院中晚唐作品等，造型艺术水平高妙，造像体态身姿舒展灵动，衣饰花冠细节精美繁复而不失大方，衣纹皱褶沉浑劲圆又流畅婉转，五官开脸庄严睿智而隽美生动，其艺术神采既展现了吴道子“吴带当风”的劲逸之气，又深蕴李公麟白描线条那简逸古雅之意。

今天，现实中的大足石刻代表着两宋石刻造像艺术的成就高峰，而紧邻大足的安岳北宋石刻却不得不静静地等待着重新被世人发现。拥有惊艳之美的众多安岳石刻作品悄悄栖身于这个佛雕之都的田林山野，让有缘有志于中国古代艺术的参观者还可以在传统艺术探访中有令人惊叹的发现，并且在真正欣赏和认识到其不可挽回的宝贵艺术价值之后更好更专业地保护它，使其不再受任何伤害。（图 2–10）

接下来，本书将介绍和评价具有高度艺术审美价值的各处重量级北宋及中晚唐石刻精品，以展现安岳石刻名不虚传的艺术风采。

2–10

安岳茗山寺8号窟观音半身像

石刻 高约6.3米 北宋 摄影／刘晓曦

这种在立体雕刻中所展露出如绘画运笔般灵动的劲逸之感，其质朴与忘我，其雄健与超然，进而从精熟娴雅的技艺层面跃升为典雅醇和、天人合一的审美气度，俨然有北宋时期李郭派巨嶂山水作品那种磅礴超然而又精细入微的立体画意。其高超自如的造型写实技巧与浑然天成的朴质意趣，堪称中国石窟造像史上文艺复兴式的古典高峰。

2–11 安岳茗山寺 5 号窟毗卢佛立像
石刻 高约 6.5 米 北宋 摄影／刘晓曦

（一）
茗山寺石刻造像（北宋）

茗山寺，又名虎头寺。该寺位于安岳县东南石羊镇往大足方向的顶新乡民乐村虎头山巅，但要找到它，必须注意公路边文库村的指示牌，再由窄窄的村级水泥路接近该寺，它可以说是目前安岳石刻中艺术水平最高，但又最不易被发现的古代艺术宝藏。

依笔者之见，真正能代表安岳石刻艺术最高水平风貌的作品，并不是目前俗称“东方维纳斯”的毗卢洞紫竹观音，尽管那也是难得的北宋杰作，但雄踞虎头山巅、单体造像恢宏壮观、雕刻手法精细入微、神采气息典雅醇和、艺术品位雄朴大方的极品级北宋茗山寺摩崖石刻造像，虽身处最为古朴幽静的山林，然其高超绝尘的艺术水平和极不受重视的现状形成极其强烈的现实反差，实为整个安岳石刻艺术水平最高、最值得观摩的神品。（图 2–11）该寺始建于唐元和年间，现存大型石刻造像均为北宋前期作品，同时也保存有为数不少的清代小型石质圆雕，虽头已被盗，但其艺术水平低下，不足为惜。该处摩崖石刻共编有 13 窟，但最有视觉艺术震撼力的仅为环山头一圈的 5 处精美绝伦的北宋造像。它们不仅质朴精美，并且还极为难得地保持着未经任何后期修补彩妆的原汁原味古风，和山顶遗留下来的清末民国建筑内被后世彻底修造重妆后的几尊北宋坐像相比，实在是万幸之至。（图 2–12）

茗山寺石刻艺术的精华，正是由环虎头山巅并坐落于崖壁之间古朴小道一周之中 5 窟 8 尊 4 至 6 米多高壮观精严的石刻造像组成。颇令人遗憾的是，这些堪比国内石刻艺术最高水平的古代艺术珍品几乎未有任何专业的保护措施，任凭风吹雨打、侵蚀风化。不过反过来看，正是这种绝对自然、没有任何人工影响纯天然原生原境的状态，为观者提供了无与伦比的视觉艺术观摩与欣赏机缘，其深厚的文化艺术、历史沉淀之美，非亲临不足以言表。的确，艺术欣赏与文物保护从来就是一对悖论，衷心希望中国的艺术文物保护受到真正的重视与真正专业的维护，以不愧对祖先遗留给今天的艺术财富。

像茗山寺这种艺术造型技巧和审美气度均处国内石刻造像艺术最高水准之列的石刻作品，竟然在 2006 年才被列为国家级重点文物，其名声、境遇和艺术价值之间形成了巨大反差。但是除了局部自然风化之外，作品本身几乎未受到任何人为破坏，原因很可能正是其隐没于深山古寺之中。（图 2–13）

茗山寺拥有的 5 窟 8 尊石刻巨构，其宏大的单体体量与恢宏的气势，如果仅用极度精美、精巧细腻或者说优美动人来形容它，是不足以表达出这些石刻杰作与生俱来的磅礴超然的北宋审美气度的。可惜这些艺术杰作的匠师的名字已无从考证。通常由民间工匠创造的具有功利性的宗教造像作品，不管造型本身的风格样式和技巧手段有多么精熟与高超，作品的审美气息多少会带有一些造作之气，也就是文人所称的匠气。但茗山寺的几尊代表性的作品，每一尊造像的体态、动势、开脸神情乃至衣饰褶皱的处理与刻画，各具不同的个性化风采，但在雕刻手法上又有出自一家门派的共同艺术造型风韵却不雷同乏味的造型语言。最令人赞叹的是各佛尊与菩萨造像精劲入微而又层次立体多变的繁复花冠雕造，与个性含蓄传神的五官开脸表达和对璎珞衣纹细节线条高度概括归纳而又不生硬概念的沉浑劲圆的表现手法所产生的强烈艺术对比与感染力，一扫民间匠人那种造作工腻之气，从而达到了比肩主流卷轴书画，堪若《溪山行旅图》与《夏山图》般雄朴大方的庙堂之气。

在巴蜀石刻范围里，如果说大足北山佛湾 136 窟那些文殊、普贤及观音造像堪称大足石刻的最高水准，那么这里可以就总体造型动态、花冠雕造、五官刻画以及衣饰璎珞皱褶几个方面进行比较。从造型表现功力的高低、对形体细节刻画的深入与微妙

2-12

安岳茗山寺2号窟大势至菩萨头像

石刻 头高约1米 北宋 摄影/刘晓曦

今天，能够在名不见经传的安岳民乐村见到这样完整壮观、精美绝伦的北宋石刻巨构，颇似当年斯坦因看到藏经洞之惑，实在称得上古代中国艺术史上的又一个奇迹！

2-13

安岳茗山寺5号窟毗卢佛半身像

石刻 高约6.5米 北宋 摄影/刘晓曦

最为出色的是双手合掌造型韵味的分寸感的把握，现虽略有残缺，但该手印在造型姿态上既生动又生意，既写实又传神，尽管手指细节因风化而模糊不堪，但那气韵生动的雕刻意境仍然极其打动参观者的心灵。

2-14

2–15
大足北山 136 窟不空绢索观音头像
石刻 头高约 0.5 米 胥安 / 雕造 南宋 摄影 / 刘晓曦

其头冠花瓣与卷草纹样雕刻在穿插回转的技巧处理上缺乏层次与纵深，细节轮廓雕造处理较为生硬，在视觉上虽精丽工巧，但呈秀雅纤薄之美。

2–14
安岳茗山寺 3 号窟文殊头像
石刻 头高约 1.3 米 北宋 摄影 / 刘晓曦

该头冠雕造在视觉上轻松地表达了三层以上的劲圆立体的纵深层次绘画感，在处理花冠上的五个坐像小佛和珠串卷草花纹上粗细虚实得当、纹样轮廓有轻重缓急、前穿后插的节奏生动而婉转，在视觉上形成非常醇厚含蓄的精严之美。

程度，以及造像整体所展现的精神审美气质，不难得出一个客观的结论。以茗山寺 3 号窟文殊头像（图 2–14）和大足北山 136 窟不空绢索观音头像（图 2–15）为例。首先看花冠，茗山寺文殊师利像通高 5.7 米，从花冠顶至下颚达 1.3 米的头部雕造，不仅精美繁复，并且在精致的细节刻画上又富有生动立体的层次节奏。而北山 136 窟观音头像花冠，雕刻同样精巧繁复，但在视觉上却是略欠立体纵深层次变化的平面化的精致装饰美感。两者相较看，各自匠师的技艺风格与审美表达差异明显。再看造像的五官开脸，茗山寺的观音立像，其眼、眉、鼻、唇、下巴的造型线条处理有如锥画沙般的劲圆畅逸，在面部整体造型的把握上既注重了佛尊的庄严与慈祥，又不失个性的神性与生命温情和弹性，达到了个性与神行的完美统一。而北山 136 窟的诸菩萨造像五官开脸各个称得上娴雅秀美，但在五官的具体处理上略显严谨与程式化。其浓郁的世俗化审美倾向，

2–16

安岳茗山寺12号窟十二护法神将

石刻 高2.3米 宽4.6米 北宋 摄影／刘晓曦

2–17

安岳茗山寺1号窟毗卢佛像

石刻 高4米 南宋 摄影／刘晓曦

相较于茗山寺其他多尊4至6米多的壮观造像，1号窟毗卢佛像加台座才近4米的体量和稍显艳丽的后世妆彩，令人在视觉上的感受不如后面几尊大像雄劲古雅。但这尊表情睿智灵异的华严宗毗卢佛坐像仍不失为南宋的上乘之作。

让这些菩萨造像更具宫廷贵妇的优美气质，而略欠佛尊的智慧庄严。借用梁思成先生对大同下华严寺辽代著名合掌露齿微笑的胁侍诸菩萨评价，北山136窟在艺术审美表达上也属于“庄严不足，雅丽有余”一类，但窃以为北山的136窟菩萨像还是在写实技艺的高度上超出下华严寺辽代作品不少。两相比较，茗山寺北宋作品达到了写实造型技巧更高的表情表意程度。在造像的整体动态与雕造技艺的把握处理上，北山136窟的作品表现出了很高的形体比例控制和细节刻画把握能力，但是南宋作品中明显比较劲折生硬的飘带衣纹线条处理，虽能有效形成平面化的装饰性美感，但是略欠作为一个近似圆雕作品的厚实深沉体量之感，且造像整体动态也略显拘直平实；而茗山寺的造像尽管体量恢宏壮观，但总体动态有微妙的扭转前倾变化，颇具唐末五代遗风，在衣纹线条流畅生动的起承转合、虚实节奏的控制把握上，尽显沉浑劲圆、收放自如的绘画行笔之感。两者相比，茗山寺北宋作品整体造型简约大气，但在细节的处理上又显得生动传神、精微深入，在高度的写实审美诉求中寓精巧于雄朴。

茗山寺虎头山巅一圈在体量上极为壮观震撼，在艺术雕刻技巧上高超精妙，气度神采磅礴隽永的石刻造像，从顺时针方向开始参观首先遇到的是12号长方形平顶窟十二护法神将。此处神将造型头部和身姿动态非常接近大足宝顶山的南宋风格，风化较为严重。诸神将在石壁上布局环卫森列，造型生动夸张，怒目睁眼，开场气氛肃穆肃杀，颇有阴曹地府森严之感。（图2-16）

逐级而下，1号平顶方形浅窟龛迎面侧立。该窟为有巴蜀地方特色的佛道一体窟，左右分别雕刻有东岳大帝与毗卢佛。此窟虽然在体量和艺术水平上不及后面几窟，尤其是东岳大帝整体造型较为敦实憨直，缺乏灵动之气。但旁边的毗卢佛头戴宝冠，螺髻微露，结跏趺坐于造型概括简练的几何形莲台上，其精巧的花冠处理与微妙表情和个性化的开脸神态，仍然低调地显示出安岳地区佛像作品那种雍容大方的气度。（图2-17）

沿小道前行数十步右转，2号平顶窟现于眼前。浅龛内左右分别雕刻了颇有气势的观音与大势至菩萨。二像结跏趺坐于金刚莲花宝座上，像高约4米，加莲台基座近5.5米。观音像和大势至像皆有雕刻精美繁复、回旋穿插卷草纹样的镂空花冠，层次表现上立体生动。观音头冠为一立身小化佛，而大势至则为一宝塔。尽管历经近千年的风雨侵蚀，整个佛像的花冠仍显示出高度的精美与完整，而花冠表面微妙的侵蚀之感非但没有破坏其详尽的纹样结构，反而赋予整个造像一种无限悠远的含蓄气息。这窟观

2-18

2–18
安岳茗山寺2号窟全景
石刻 高约4米 北宋 摄影/刘晓曦
此二尊石刻造像，通体妆彩尽褪，仅极少凹陷处留下一星半点石绿遗韵，整体表面尽显页层、砂岩的朴质肌理之美。高度精妙生动的头部花冠和手法简练大气、概括有度的通身袈裟所表现出来的那种虚实相济、刚柔并举的造型风格，在几组主要衣纹含蓄有致的起承转合之中，显得既空灵又厚重，加之胸前简洁大方的璎珞形制，隐然有唐末五代遗风。

音、大势至造像风格，代表了安岳北宋佛雕的一种典型技巧处理，从茗山寺、华严洞乃至塔坡造像等等，莫不如此。具体表现为精巧繁复的花冠雕刻与简练概括又不流于概念的劲圆衣饰形成强烈有趣的粗细对比，加上匠师独具个性的五官开脸处理，这种有松有紧、收放自如的意象写实审美追求，无不体现出北宋时期艺术造型精神上所崇尚的那种尽精微、至广大的雄劲醇和的艺术审美气度。然而美中不足的是，由于古代匠师技艺传承全靠师傅传授与自己的灵性天赋，并没有经过系统的形体造型训练，因而往往在造型处理上不能像古希腊雕塑那样从各个方向把握作品的整体观感，其结果是从某一个角度上看造像会稍显僵硬与呆板。（图2–18）

顺着2号窟继续前行，转过山岩，一尊高近6米，头高1.3米，戴五佛宝冠，窟顶依稀镌刻有“现师利法身”几个大字的文殊像出现在眼前。这尊文殊像带着智慧与慈悲的目光，其恢宏壮观的磅礴身躯，其古朴简洁富有唐代遗风的璎珞，其大气简练的流畅衣纹，甚至连生长于整个造像面部与通身袈裟的斑驳苔藓肌理，还有那精巧繁

2–19

安岳茗山寺 3 号窟文殊像

石刻 像高近 6 米 北宋 摄影／刘晓曦

稍有遗憾的是，这尊极具典雅醇和古典气息的北宋石刻巨构，上千年来一直饱经风雨，完全裸露于自然环境之中，虽为观赏者提供了最佳观摩条件，但也加速了其自然风化的过程，比如早已风化不见的右手掌部、左手托举的巨大经书，还包括鼻尖的一小点缺失，但这点残缺正如断臂的维纳斯一样，丝毫不会影响整个造像具有的大气磅礴而又古朴典雅的造型意境之美。恰到好处的自然缺失，虽非完美，但正好激发出一种无边无尽的遐想之美，这也正是古代艺术的魅力所在。

复、深沉厚重的五佛花冠，皆让所有猝然与之相遇的参观者惊异与叹服。再加上整尊造像早已妆彩尽褪，展示在视觉里的完全是一尊充满天然页层、砂岩肌理之美的伟大北宋雕刻巨作。（图 2–19）

可以说，只有领略了茗山寺这尊高度神性与人性神采相统一、高度精微刻画与概括归纳相结合的造像，才有理由相信石刻造像作品也能具有北宋巨嶂山水式的雄伟气度与醇和典雅的审美意境。

除了文殊主尊本身，值得注意的还有背壁圆形小佛龛的造型之美。（图 2–20）由于地势风向的原因，文殊像右侧的五个小圆龛坐佛造像已被风蚀得相当模糊，但却形成了一种纯粹的抽象美感。左边本应同样有五个小浅圆龛，可惜的是，其中靠山崖外侧的两龛因早年的崩塌仅剩下些许半圆的龛像，侥幸保存下来的两个处于背风面的小佛龛，雕刻造像相当简练传神，无不昭示出它的精妙水准。笔者深深以为，该窟文殊师利造像堪称安岳乃至中国石刻造型艺术史上的最高代表之一。

经 3 号窟继续向右转过山崖，出现在眼前的是一尊雄伟壮观的毗卢舍那佛全身立像。所处 5 号窟的此造像高达 6.3 米，头高为 1.3 米，以近乎圆雕的形式摩崖雕刻在布满黄褐色的页层砂岩之上，尽显石质的天然色泽与肌理之美。

该造像头冠造型处理相当巧妙，极尽婉转精巧的花冠上升起两道弯曲毫光，直插窟顶的崖壁，有机地衔接了花冠的繁复造型与不规则岩顶。该尊佛造像也身着通身袈裟，慈目下垂，两手结金刚合掌印于胸前，在整体造型气度的把握上相当个性而精练。（图 2–21）

2-19

2-20

2-21

过 5 号窟再前行右转，便是目前唯一有简单木构建筑保护的 8 号窟，俗称观音堂。该窟为茗山寺最大的观音、大势至菩萨二像合窟，方形平顶，全高 6.3 米，宽 6.9 米，深 3.3 米。正壁左为观音像，右为大势至像。两尊立像均高 6.2 米，头高 1.3 米。整窟造像气势恢宏，体态庄重典雅，五官开脸神态持重美慧，衣饰线条婉转劲逸，有如绘画运笔般行云流水。两躯造像妆彩尽褪，残留的斑驳旧彩恰到好处地衬托出天然页层岩的石质肌理质感，尽显古朴典雅、端庄大方的艺术之美。（图 2–22）

该窟两尊大像均为茗山寺不可多得的极品，尤其是左侧观音造像神采气息更为精妙。该观音像最富艺术魅力的地方在于其颇富唐代遗风的含蓄自然的体态身姿，诸如整个动态的把握上既有唐代菩萨那种扭腰婉转的生动之态，但又把握得微妙含蓄而不似唐代那种奔放夸张，面貌身姿略带丰腴但美慧典雅，更具宋代优雅醇和的风采。再看面部刻画与裸露的前臂玉手，五官塑造楚楚动人又不失端庄雍容，尤其是自然下垂轻挽罗裙的前臂玉手，在手部结构生动准确的造型上又简练概括出圆润饱满的整体之感，没有丝毫的拖泥带水，极富温润弹性的女性之美，将其称为东方立体的蒙娜丽莎之手，也毫不为过。（图 2–23）

2–20

安岳茗山寺3号窟小佛龛

石刻 龛高0.8—1.2米 北宋 摄影／刘晓曦

2–21

安岳茗山寺5号窟毗卢舍那佛立像

石刻 高6.3米 北宋 摄影／刘晓曦

2–22

安岳茗山寺8号窟观音、大势至菩萨立像

石刻 高6.2米 北宋 摄影／刘晓曦

2–23

安岳茗山寺8号窟观音、大势至菩萨立像（局部）

石刻 高6.2米 北宋 摄影／刘晓曦

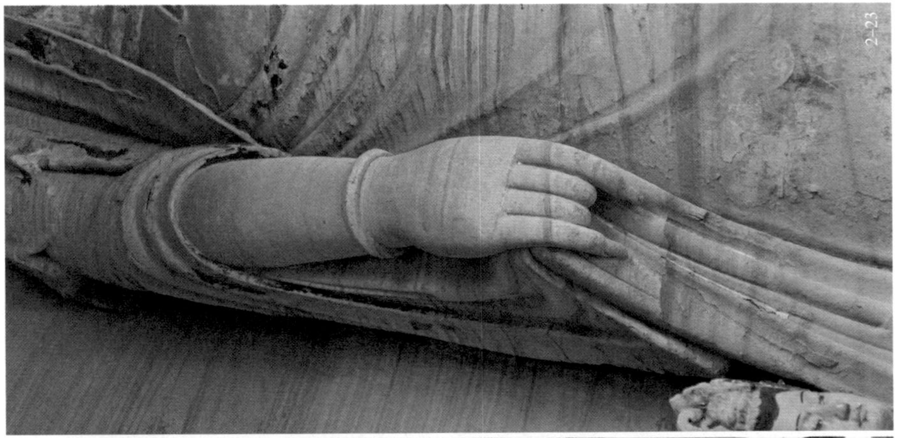
2–23

2–22

2–24
安岳茗山寺3号窟文殊菩萨头像
石刻 头高约1.3米 北宋 摄影/刘晓曦

顺便提及，该窟左右两壁遗存不少清代晚期小型石刻圆雕，其中有十二圆觉的头像前些年被盗，其艺术水平低劣，无伤大雅。

拥有如此壮观精美石刻巨作的安岳茗山寺，现已很难考察其具体造像年代与造像缘由，仅能从 8 号窟现存清乾隆年间碑刻题记推测该寺始建于唐元和年间。另外，从其高超的艺术水平和微妙的造型风格联系来推测其大致为北宋早期的作品。茗山寺石刻巨构作品数量虽然不多，但单体体量宏大，布局构思上又似手卷一样错落有致地摩刻在壁立千仞的绝壁山崖之巅，让参观者颇感山重水复的深远意境。各窟造像不仅雄伟壮观，在艺术雕刻表现上极度精妙传神，总体也保存得相当完好。如果说谁最能代表安岳石刻的审美风貌与艺术价值，非茗山寺莫属！（图 2–24）

另外，从茗山寺环山巅一圈的多窟造像来看，有一些特别的疑问，在此提出来以供参考。正是因为目前缺乏这些造像的具体文献资料，比如是谁捐资修造了这些石窟、是否由安岳著名的文氏家族雕造等问题，目前均不可考。但环山顶这些精美绝伦的大型造像却又有不少共同特征。除 1、2 号窟的造像体量较小在 4 米左右外，剩下的 3、5、8 号窟不论单窟单像或单窟双像，其高度均为 6.2 米左右，并且头部带冠高度都为 1.3 米，这显示出这些造像是有修造方明确了体量比例认定的，绝非前后不同时期的巧合，此为其一。其二，每尊造像的花冠雕刻精妙繁复，但衣饰褶皱线条概括简练又真实生动，且瓔珞饰品的处理手法简洁大方，颇有唐代遗风，大足北山的南宋精品与之相比在审美倾向上有很大距离，因而可以认为这批巨构一定出自当年顶级名师之手。其三，每尊造像在头部五官和手形手势的雕刻造型处理上生动传神而又各具思想性情气质，并充满了人性的温暖，让佛的旨意远离空寂冷漠又不失庄严悲悯。这些精神审美气质实则是具有天赋的匠师个性身心的自然表露，甚至超越了手工的匠气，达到含蓄自如的高度艺术审美境界。能够创作这批伟大石刻巨构的工匠班子，绝非当年的平庸凡手，但为何未能在当地文献中留下些许信息？其四，按照圆觉洞莲手观音窟题刻证据类推，雕造这种 6 米多高的单体大像，并且能够达到如此高的精妙水平，单一尊便要耗时 10 年左右，且要花费无数银两。那么茗山寺环山一圈七八尊大像所要耗费的时间、人力与金钱绝不是北宋时普通民间集资可为的一般工程，而一定是举当年全县之力的浩大发愿造像，但为什么县志又无明确记载？在此也期盼专家的进一步考证。

（二）

华严洞石窟造像(北宋)

华严洞地处石羊镇附近的赤云乡箱盖山，也是安岳境内一处精美完整得令人感到不可思议的大型北宋石刻巨构。从窟形形制上看，华严洞算得上巴蜀石刻中为数不多的真正称得上是石窟的方形平顶窟，而不是通常的摩崖浅龛窟。

安岳华严洞与大足宝顶山圆觉洞在洞窟形制和表现题材上都非常相似，只不过华严洞较宝顶圆觉洞规模更宏大，开窟时间更早，整体造型技巧和艺术审美格调更高，更富于个性变化，堪称中国石窟艺术史上雕刻艺术最精美、保存最完好、视觉效果最为震撼的北宋石窟。(图 2-25)

整个华严洞石窟造像分为大小二洞，大洞为华严洞，因内刻华严三圣主尊而得名，为北宋建隆元年（960 年）作品。旁边的小洞名为大般若洞，题材内容为儒释道三教合窟，为南宋嘉熙四年（1240 年）作品，整个作品较大华严洞逊色不少，不过仍属南宋佳品。其三教共处一室的形制格局，展示了历史上儒释道从对立到相融的文化艺术证据。

大华严洞高 6.2 米，宽 11.1 米，深 11.3 米，方形平顶窟，是安岳最为宏大的石窟。整个石窟从一体巨大的山岩中由人工生生开凿而成。其体量之大，工程之艰巨，据传说当年石匠在洞内秉烛开凿了整整 80 年！相较这个 100 多平方米的大型石窟，整个大足宝顶山大佛湾也不过花费 90 年之功。古人执着的愚公精神的确令人叹服，不计代价的虔诚宗教信仰和北宋时期高超的艺术水平，共同造就了华严洞无与伦比、多姿多彩的佛国天尊。

大华严洞正壁为华严三圣主尊像，毗卢佛居中，头冠雕刻有川密宗师柳本尊坐像，左右分别为骑象的普贤和骑狮的文殊。这三尊主像造型端庄睿智，开脸慈悲，体态衣饰婉转流畅又富于质感变化，整体线条颇具李公麟古朴劲雅的白描气息，极富艺术感染力。正壁两角有二侍从像，左像为道教真人装束，手持书函；右像为光头僧人，紧握经书一卷。此二像表现了仙佛同宗、三教同源的中国本土化宗教叙事。

除三尊主像外，分别于石窟左右两壁凿有长方形仿木供台，供台上雕造有 10 尊通高 4.1 米的十大圆觉菩萨。这 10 尊造型上非常女性化的石刻作品，充分展示了北宋时期既来源于生活真实，又高于生活真实的艺术表现方法。石刻匠师们要从坚硬的岩壁上从高点到低点，不容许有哪怕一凿子的错误。不失手还可以理解为手艺精熟，但要如何保证每尊菩萨既仪表堂堂、衣饰华丽，又兼顾其不同的动态特征与个性气息；衣纹表现既要轻薄柔软，又要有轻重缓急。要做到这些，既离不开高超的雕刻技艺，更要有敏锐细腻的审美感受。（图 2-26）

2-25

安岳华严洞华严三圣主尊像

石刻 高 5.2 米 北宋 摄影 / 刘晓曦

华严洞石窟造像以其不可思议的完美、完整程度和个性而精严的艺术审美高度展现出极高的艺术价值，其艺术价值之高，除前面的茗山寺尚可略高一筹之外，华严洞石刻造像在安岳石刻中足以傲视同侪，名列安岳石刻最高艺术水准之列。

2-26

安岳华严洞十大圆觉菩萨群像

石刻 像高约 4.1 米 北宋 摄影 / 刘晓曦

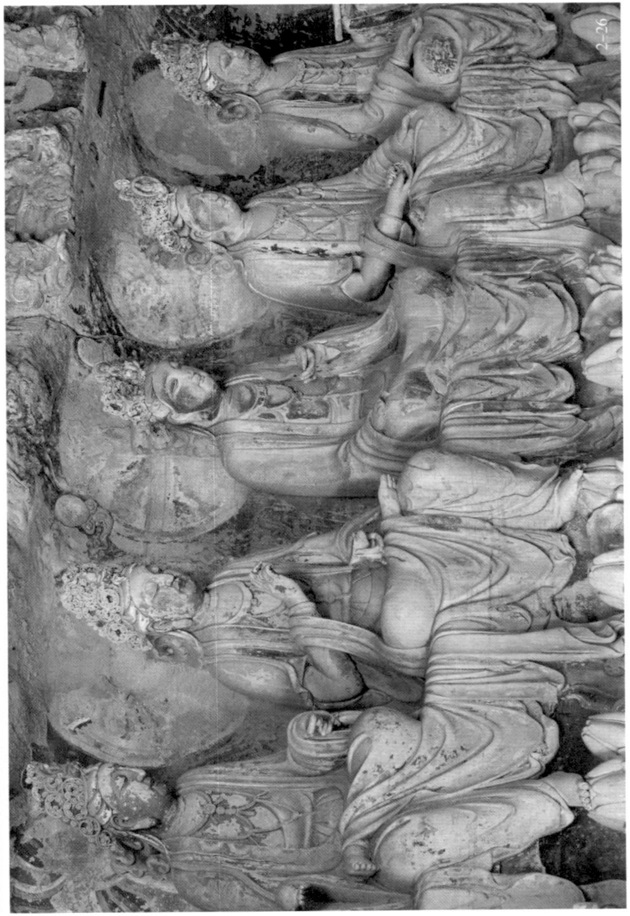

2–27

2-27
安岳华严洞十大圆觉菩萨之一
石刻 高4.1米 北宋 摄影/刘晓曦

面对这些令人赞叹的不可思议的精妙作品，不难想象从北宋时期民间匠师手中都能产生如此精彩的作品，足以推断当时的绘画造型艺术是何等的繁荣与高妙。

华严洞大小两窟石刻造像以大华严洞极尽精美的石刻造像为最。无论从整个石窟的造像布局、供台的文气设计还是三圣主尊及十大圆觉菩萨的传神雕造，无不显示出一种柔和细腻的唯美气质。其精美完善的程度，堪称北宋时期的稀世珍品。唯其太过精巧高超、周到圆熟的雕刻技巧略有炫技之感，使其在艺术审美格调上稍欠茗山寺造像那种取舍有度、大气超然又不失精微的神品风采。这也正是参观两处顶级安岳石刻造型艺术所要仔细体会和对比的微妙差异。（图 2-27）华严洞确凿的造像年代目前并无可考文献，但从华严洞左侧门沿内明万历年间所刻的题记推断，五代后周世宗时（954—959 年）此处已有佛教庙宇或开始营造佛像。从其壮观的开窟规模和巧夺天工的风格手法来看，该窟开凿时间一定相当漫长。传说耗费数代人 80 年之功，直到北宋才告完毕，应该比较可信。

2–28 安岳毗卢洞紫竹观音头像
石刻 头高约0.8米 北宋 摄影／刘晓曦

（三）毗卢洞石刻造像（北宋）

位于安岳县石羊镇中心附近厥山上的毗卢洞，是目前安岳石刻最有名的代表——紫竹观音的所在地，也是安岳石刻中最容易找到的高水平北宋摩崖石刻。

北宋了不起的匠师们在安岳全境修造了无数体态庄严、技巧精妙、艺术水准极其高超的各类佛像，论造型艺术审美和雕刻技巧精湛所达到的水平，安岳石刻中大大超过毗卢洞紫竹观音的不在少数。紫竹观音虽也实属北宋佳品，但为什么会拥有如此大的名气？这就不得不谈一下国人相当欣赏和崇拜的“东方维纳斯”。

维纳斯是罗马神话里爱神的名称，也是西方艺术史上相当受欢迎的创作主题。维纳斯作为神话里象征情爱和美貌的女神，在西方古典风格作品里出现的面貌不仅有美丽的容貌和窈窕的身姿，更重要的是它代表了充满性感情欲的人性审美诉求。从这点上来说，如果某个以女性形象出现的作品被指称为维纳斯，上述两种含义便缺一不可，仅仅有漂亮的身姿和容貌是不够的。中国古代写实造型艺术作品中，凡具有“东方维纳斯”之称的佳作，在艺术界和民间均享有极高的知名度。尽管这一说法相当不准确与流俗，其实中国“东方维纳斯”头衔著称于世的缘由，主要是名人效应和受传统文化压抑的人性诉求。以中国最有名的几尊有“东方维纳斯”之称的佳作为例，安岳毗卢洞紫竹观音的得名，仅仅是旅英作家韩素英的个人艺术感受；（图 2–28）中国最著名的“东方维纳斯”是当年被郭沫若高度评价的大同下华严寺合掌露齿微笑的辽代侍菩萨；还有被某著名美术史家誉为“东方维纳斯”的大足北山136窟的普贤像。（图 2–29）

上述几尊驰誉中国艺术界和民间的古代写实艺术佳作，无一例外都是宗教造像作品，其本身的宗教艺术诉求只是以更亲切的形象普度大众，并无任何性感肉欲的暗示之意。其博得如此响亮的名声，主要就是文化名人的磁场效应。中国几千年的封建文化传统和伦理意识形态，除了暗地流传的春宫画，任何正式场合出现的造型艺术作品，对女性形象的表现最多只能着力于娴雅窈窕的身姿意蕴，绝不能过于表现诸如胸部乳房之类的性感特征，否则便不能登大雅之堂。甚至在人性最为开放的盛唐时期也不例外，在唐代那些扭腰送胯的菩萨绘画与雕像里，也找不到一尊真正有乳房特征的女性形象。

毗卢洞最具艺术审美价值的是力作柳本尊十炼窟。柳本尊十炼窟为高 6.6 米、宽 14 米、深 4.5 米的长方形平顶窟。该窟是地道的四川密宗题材，而不是正统的佛教密法，

2–28

2-29
大足北山 136 窟普贤像
石刻 高约 2 米 南宋 摄影／刘晓曦

2-30
安岳毗卢洞柳本尊十炼窟局部造像
石刻 单体高约 2 米 北宋 摄影／刘晓曦

因为其残肢毁体、施舍器官等极端修行方式，恰恰与正宗纯密相悖。宗教派别并不是艺术考察的重点，仅需当作一个背景了解即可。

在中国古代绘画具象写实风格范畴里，以吴道子和李公麟为代表的白描式线描造型能力，不仅代表了中国写实造型的最高境界，同时也确立了线条表达在中国传统艺术领域的核心地位。当今极难见到两位大师的古代摹品，但该立体石刻造像窟纯熟简雅的形体动态、个性表情的精妙传神、雕刻布局的别致构思、佛像人物的生机盎然，完美地诠释了吴道子、李公麟等前辈线描大师的艺术技巧神采。（图 2–30）

该窟石刻巨作造像，最有代表性的单体作品要数石壁左侧的天王像、正中的大日如来像以及柳本尊十炼造像。（图 2-31）

紧靠“十炼窟”的幽居洞，从风格看应为南宋作品，但供台上的三尊主像头部被后世重补修妆严重，已无往日神韵，仅宝座莲台及造像下部衣纹还有南宋作品风韵。

至于著名的紫竹观音，“东方维纳斯”这个既俗又无艺术内涵的提法，应为专业的研究者所不屑。客观地评价，这尊南海观音像也属北宋上品。这种五代、北宋时禅宗所创的跷脚观音姿态造像，在整个宋代颇为流行。现存于世界各大博物馆的宋代木

2–31
安岳毗卢洞柳本尊十炼窟毗卢佛主尊
石刻 北宋 摄影 / 刘晓曦

2–32
毗卢洞紫竹观音像
尺寸不详 石刻 北宋 摄影 / 刘晓曦

参观毗卢洞的紫竹观音像，不应被诸如风流妩媚的神韵、薄如蝉翼的衣纹技巧等文学传闻所误导，更应该去体会北宋雕刻作品中呈现的时代气息和造型风貌，并去发现这尊南海观音最佳的造型欣赏角度和更有情趣的变化。

2–33
南海观音木雕像
尺寸不详 木雕 辽
纳尔逊·阿特金斯艺术博物馆藏
图像引自北京美术摄影出版社 2013 版
修·昂纳、约翰·弗莱明著，吴介祯等译
《世界艺术史》第 267 页

2-32

2-33

雕、泥塑、石刻跷脚观音像，均为这一时期代表性的南海观音形态。而这其中最高水平的代表，则是美国纳尔逊·阿特金斯博物馆所藏的辽代木雕南海观音像。无论是从面容的美慧、姿态的优雅传神还是雕刻精巧细腻的程度，南海观音都更胜一筹，最重要的是南海观音那种典雅自如的温润女性气质，两者一比，自分高下。（图 2-32、图 2-33）

紫竹观音崖壁背后的千佛洞，相当值得细细观赏。因洞内摩刻有约 30 厘米高的圆形小龛和 320 尊小像而得名。虽称为千佛其实所造之像并不是佛，而是当年捐资造像的各业供养人小像。（图 2-34）

而千佛洞正壁的“西方三圣”主尊造像，面部因水蚀而潮暗不堪，但其身姿衣纹生动而又劲圆含蓄的雕刻手法，仍不失为典型北宋石刻佳品。

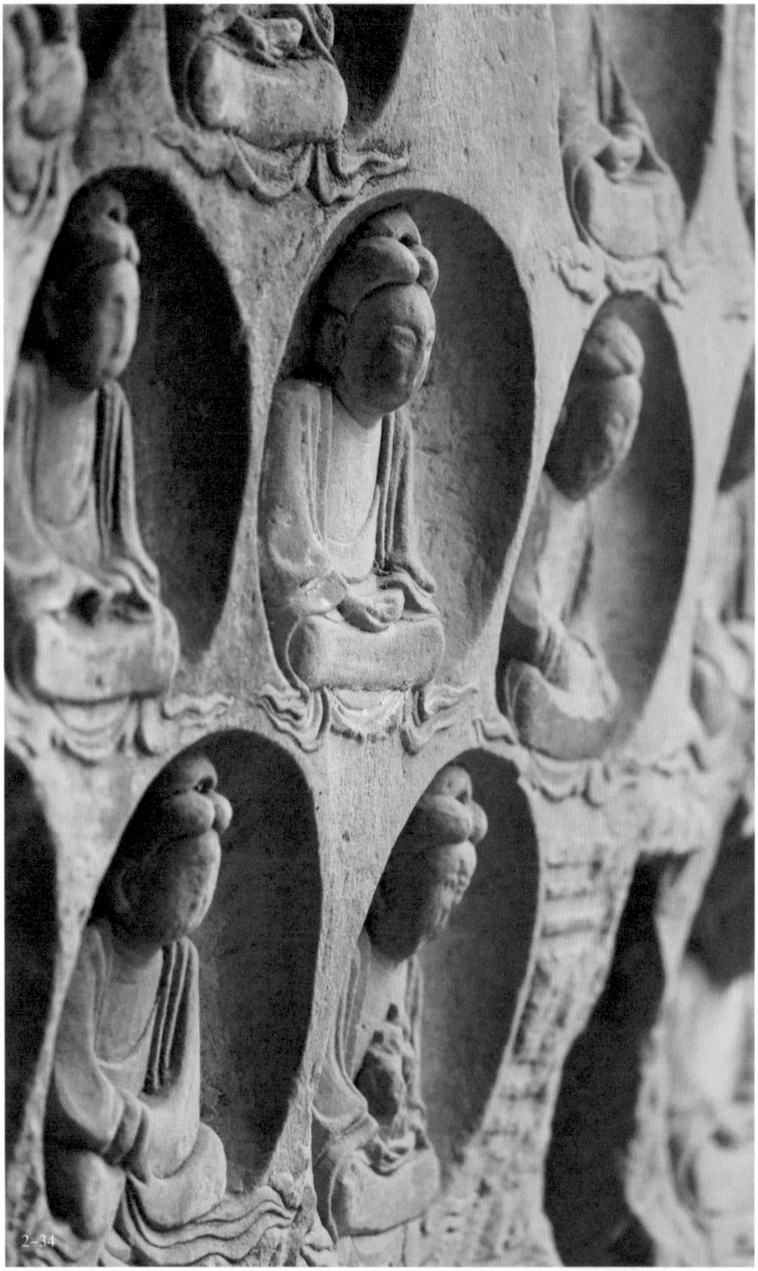

2-34

毗卢洞千佛洞小龛供养人像

石刻 高约 30 厘米 宋 摄影／刘晓曦

这些宛如南宋团扇的石刻小像，造型手法质朴简练，形神各异，堪称千人千面，其中甚至还有怀抱小孩的妇人形象。众多人物的发型与衣饰展示了当时宋人民间生活的千姿百态，颇具巴蜀石刻特有的世俗生活情趣。

（四）
圆觉洞石刻造像（北宋）

圆觉洞是安岳县城附近有名的摩崖石刻造像，位于距县城东南1公里的云居山上。云居山宋代称灵居山，山上最高的寺院因山而名“灵居寺”，明人改为云居山“真相寺”，因有宋时开凿的“圆觉洞石窟”而改称圆觉洞，至今沿用。

整个圆觉洞造像分布在云居山南北两面崖壁，极具艺术审美价值，且完整壮观的北宋时期造像均存于北壁山崖。南面小型造像虽多，年代也更早，涉及唐末、五代至宋，但大多保存不好，破坏、风化严重，多数唐刻又被后人补刻，已难寻原作风貌，故艺术审美价值一般。

北崖造像区以三尊6米多高的巨构造像而闻名，在这几尊代表北宋末期向南宋造型审美风格渐变的震撼之作中，首推东面22窟的莲手观音。造像依崖站立，像高6.5米，头戴镂空高冠，开脸雍容慈祥。头、颈、肩及双手形成微妙的动态，使整尊大像颇具轻盈飘逸之感。尽管该造像风格上已由北宋向南宋靠拢，璎珞繁复满身，衣饰褶皱的处理方法也已由北宋沉浑劲圆的手法改为更接近大足南宋精品的那种比较精巧劲折的审美趣味，但又要比南宋的表现手法更加劲逸含蓄。(图2-35、图2-36)

这尊6米多高的莲手观音像开凿于北宋元符乙卯，完工于大观丁亥（1099—1107年），历时近9年，其所耗工时，对安岳同类体量与艺术水准的作品的雕造时间，是一个很好的佐证旁例。除主尊雕刻尽显精微大度的神采外，该窟供养人像雕刻也相当简练传神，体现了宋人精湛的雕刻造型写实技巧。

除莲手观音以外，北崖11号窟的净瓶观音和16号窟的释迦牟尼佛立像也是重量级的镇山之作。两尊造像均高大雄伟，造型手法和审美趣味与莲手观音如出一辙。从11号窟残存题记上看，这尊作品完工于南宋前期，因而可以推断，这三尊风格技法高度一致的精美作品，当出自同一门派且时间相距不远。

特别值得一提的是中间16号窟释迦摩尼主佛的造型样式风格。在中国众多寺观造像中，释迦牟尼佛通常会表现为正面端庄的坐像和庄严挺立的站像，因为这两种造型动态能更好、更庄严地表现佛祖的威严与慈悲气度，并暗示佛法无边。而这尊佛祖造像一反常态，头颈微偏，整个身躯略转向右侧，面带微笑，双目俯视，恰好与石窟右侧下方的弟子迦叶对视。(图2-37)

2-35

2-36

总体来看，圆觉洞三尊精美的石刻巨构显示了很典型的承前启后的风格演变。三尊造像依次显示了北宋到南宋风格的技巧审美变化。从莲手观音到净瓶观音再到释迦造像，尽管三尊造像都有不同程度的唐末五代遗风，且以莲手观音为最，但总体上三尊造像和茗山寺等北宋前期代表性作品相比，在衣纹和手指造型细节处理上已不同于北宋作品那种沉浑劲圆的表现手法，取而代之的是一种类似南宋马夏画派表现手法的劲折处理，从视觉上显得更程式化和图案化，也缺乏北宋作品那种层次分明、起承转合游刃有余的技巧，但仍不失劲丽与流畅。(图 2-38)

2-35
安岳圆觉洞莲手观音头像
石刻 头像高6.5米 北宋 摄影／刘晓曦

2-36
安岳圆觉洞莲手观音立像
石刻 高约6.5米 北宋 摄影／刘晓曦

这尊整体气息仍具唐末五代遗风、体态雍容华贵、线条劲逸流畅的宏伟大像，充分展示了北宋末期工匠的那种高度民族化又驾轻就熟的意象化写实风采。

2-37
安岳圆觉洞释迦牟尼佛立像
石刻 高6米 南宋 摄影／刘晓曦

这种突破佛教仪轨，一扫主佛的庄严法相，拉近了凡人和佛祖距离的和蔼可亲的造型倾向，应该正是宋代工匠们对佛祖拈花一笑的世俗化艺术表现。

2-38
安岳圆觉洞莲手观音像局部
石刻 北宋 摄影／刘晓曦

圆觉洞这几尊大像的造型处理完全可以看作是北宋雄朴劲圆的雕刻风格向南宋纤丽劲巧风格转折阶段的过渡性代表，也可以说是从安岳风格向大足风格转变的典型精品。

（五）
卧佛院及木门寺石刻造像（唐、明）

卧佛院石刻是安岳境内唐中后期石刻艺术杰作的典型代表，和安岳千佛寨与玄庙观唐代石刻相比，无论从规模、保存的完整性和艺术水平高度来看，卧佛院都堪称安岳唐代石刻最重要的代表。

卧佛院位于安岳县城北面 40 公里处的八庙乡卧佛沟，卧佛院拥有安岳最为精彩大气的唐代石刻。其中最著名、最壮观的是悬空雕凿在崖壁上的巨大的第 3 窟“释迦牟尼涅槃图”。其巨大的造像身躯和精湛古朴的雕刻造像水平，所具有的那种庄严雍容的雄健气度和敦煌莫高窟 130 窟南大像及 158 窟卧佛像等盛唐最高水平塑像相比也毫不逊色。（图 2–39、图 2–40）

史载卧佛院在盛唐时有规模壮观的三重佛殿，是当时规模宏大、庙宇辉煌、香火旺盛的佛教禅院。现在虽已不复往日的盛况，但在卧佛沟长长的岩壁上，仍然留存着虽不太完整，但极富盛唐风韵的石刻造像和多窟非常珍贵的刻经唐窟。

2–39
安岳八庙卧佛头像
石刻 头长约 3 米 晚唐 摄影 / 刘晓曦
该卧佛古雅的造型技巧和雍容雄沉的格调气息，远在大足宝顶南宋时期同样体量巨大但气息平庸的卧佛之上。

2–40
敦煌莫高窟 158 窟卧佛头部
石胎泥塑 中唐
图像引自朝华出版社 2000 版
敦煌研究院编《敦煌》第 42 页

2–41 安岳八庙卧佛院石刻经幢

唐

摄影 / 刘晓曦

卧佛沟的摩崖佛经石刻有 15 窟之多，总计 40 余万字。安岳县文物局前局长傅成金先生认为卧佛沟是中国最大的摩崖经窟，与北京房山石经一南一北，堪称中国佛教艺术的文史珍宝。同样，经窟中的十一面千手观音像和浮雕陀罗尼经幢，一样是造型艺术中的珍品。（图 2–41）

2-42
安岳八庙卧佛局部
石刻 长23米 晚唐 摄影／刘晓曦

23
21

第 3 窟卧佛造像全长 23 米，头长 3 米，肩宽 3.1 米，雕刻在离地 7 米高的崖壁上，佛头开脸曲眉丰颐，慈祥端庄，嘴角微微上翘，略带笑意，头垫荷花枕，身着典型“U”字形袈裟，于庄严中透出平和安乐之态，是唐代典型的带有乐观情绪的西方极乐世界的精神观照。此像秉承了中国古代工匠塑造大像时的造型智慧，其开脸非常注意信徒参拜时的现场视觉心理感受。尽管现在远观时可能觉得面部五官比例不尽协调，但该像当年身处三重佛殿之中，根本不具备现在的远观条件。当在适当的参拜距离观看时，整个佛像极为庄重自然，令人肃穆，不得不佩服古代匠师对观看视角和心理感受的微妙把握。

该卧佛造像不仅开脸慈悲庄严，整个身躯的雕造亦呈清逸修长的风格，已不同于盛唐时的饱满丰腴之态，已是比较明显的中晚唐造型审美倾向，这从头枕下的“贞元”二字题刻可以见证。“U”字形袈裟上的衣纹轻薄柔软，具有涟漪般的曲形韵律，不仅有曹衣出水之感，更有晋唐绘画的古朴雅拙之意，这种对线条雕刻古朴意趣的追求，在卧佛身旁的弟子背面像上也有相当高古的表现。（图 2–42）

卧佛上方诸天龙八部像虽有唐风古意，但雕刻水平不高，估计为当年不同门派的匠师雕造，与修长劲逸的卧佛造像整体观感不甚协调。该卧佛造像还有一大特点，即一反“首北右侧手累足而卧”的佛经仪轨，反而因地势采取了头东脚西、两手平伸、左侧卧的造型，充分显示了佛教造像中国本土化后的宗教文化改良以适应新的宗教需要。

在卧佛沟的南崖造像区，还有很多精美的唐代石刻造像，可惜多数保存不太完整。最出色、最完整的当数 64 号龛的接引佛造像。该像高 2 米有余，雕刻手法精劲古雅，于曹衣出水般的衣纹中透出更多的虚实体积变化。开脸同样安乐端详，线条处理劲逸而风骨毕现，是体会唐代造型艺术不可多得的石刻精品。（图 2–43）

整个卧佛院的诸多力士造像动态也是标准的盛唐造像风格，其特征为：体态夸张、扭胯而立、全身呈“S”形动态、上身裸露、攥拳劈掌、怒目而视、肌肉青筋暴突，表现出强烈的刚健威武之气。

八庙卧佛院众多高水平唐代石刻会令参观者感到超乎想象的艺术审美享受，但如果参观卧佛院却错过了离八庙乡不远的石鼓乡木门寺建筑古迹，那就堪称终身遗憾了。

木门寺位于县城向北到八庙途中的石鼓乡清泉山。这个名不见经传的明代古迹其貌不扬的外表会给所有初次造访者带来不可思议的视觉震撼！木门寺既是建筑史上的

2-43
安岳八庙卧佛院64号龛接引佛
石刻　高约2米　晚唐　摄影／刘晓曦

2-43

2-44

2-44 安岳木门寺石塔亭仿木石构斗拱

石雕 明 摄影／刘晓曦

2-45 安岳木门寺石塔亭顶盖

石雕 明 摄影／刘晓曦

亭盖、亭脊均用石料雕造，攒尖顶用白色石料雕刻成待放莲苞，具有非常高洁静穆的造型之美，并与亭盖、壁、柱、斗拱、梁枋等精美石雕构件交相辉映，美不胜收。

2-46 安岳木门寺石塔亭仿木斗拱卷云

石雕 明 摄影／刘晓曦

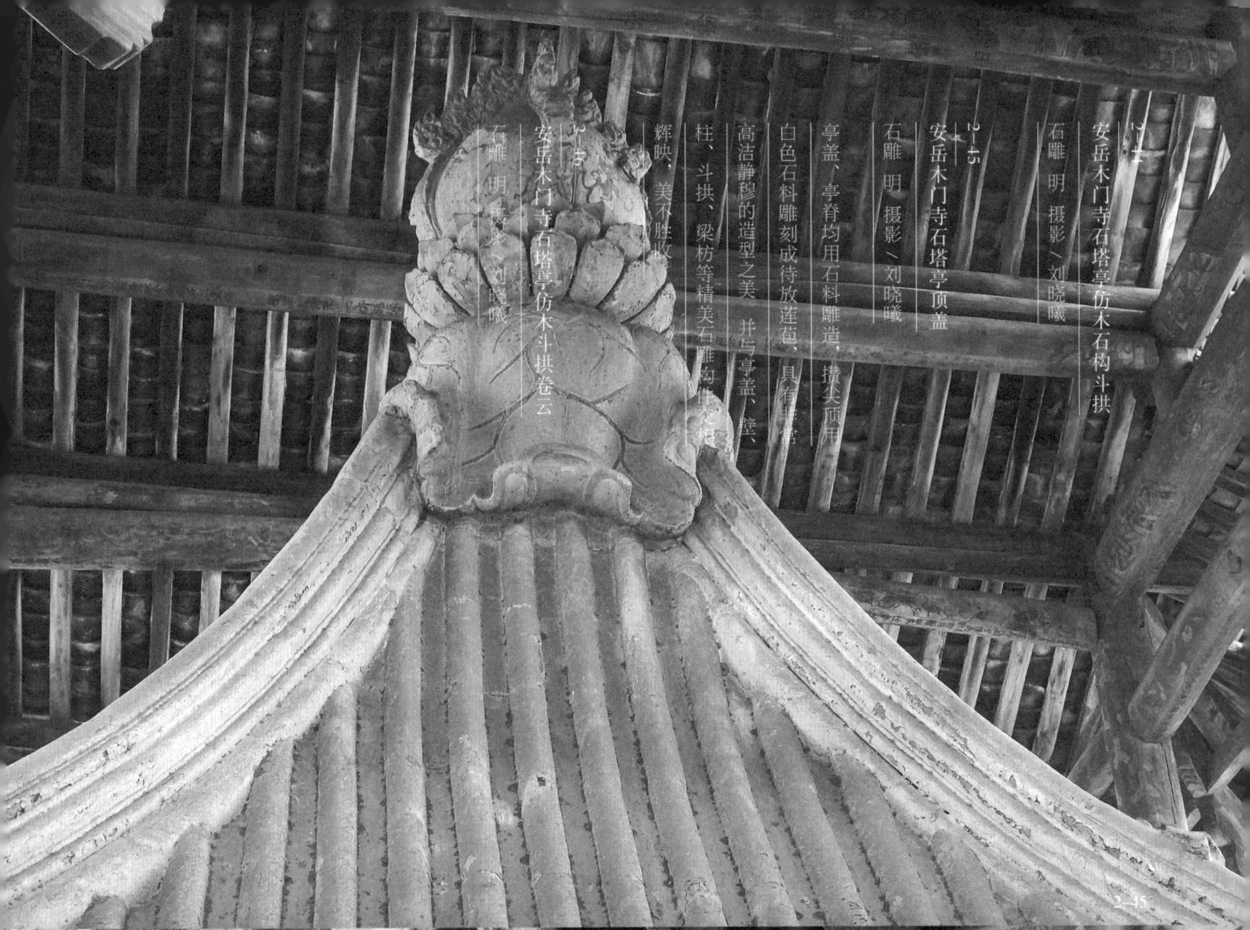

2-45

2-46

不朽奇迹，又是艺术史上的绝妙杰作，是中国古代艺术品中罕见的双料瑰宝。（图 2–44）

创建于明洪熙元年（1425 年）的木门寺是明代早期集庙宇、灵塔和石刻造型技艺为一体的绝妙建筑艺术极品。其独特的形制，极有可能是古代建筑艺术遗存至今的孤例。（图 2–45）

古代中国有各式各样的塔流传至今，从木塔、砖塔到石塔、琉璃塔均有很多造型、比例、做工均称得上伟大的作品，并吸引了无数艺术家的关注。比如木塔有应县佛宫寺释迦塔，石塔有西安大、小雁塔，琉璃塔有广胜寺的飞虹塔，等等。面对这些中国建筑史上无比著名的古塔，安岳木门寺明代高僧无际禅师的真身舍利灵塔，可以说在艺术造诣上与它们难分伯仲，而在艺术构思上更见其独到无双。

无际禅师，明代高僧，安岳县白鹤岩（今天马乡）人。明正统八年（1443 年）奉诏进京于万寿山戒坛说法，被封为护国蚕骨宗师。正统十一年（1446 年）圆寂，天子下诏由礼部尚书护送回蜀，并于清泉山上建塔葬之。木门寺无际禅师亭，正是安岳历史上石雕匠人用精妙的构思和高超的石雕技艺及用皇上赏赐的大量金钱为无际禅师打造的独具一格且艺术境界精绝的古建筑奇迹。

无际禅师亭外观为三叠飞檐木结构，整个塔亭被明式斗拱大殿所覆盖，整个大殿古朴挺拔，但外表并无过人之处，很容易让人误认为是一座普通的明清木构建筑。但构思绝妙、雕刻造型技艺精湛的石雕无梁亭和藏于其内的石塔，形成了塔于亭中、亭于殿中的奇妙布局，让人不得不叹服古代艺匠的惊人智慧。

整个仿木建筑的无梁亭，长 7.8 米，宽 6.8 米，高 12 米，为正方形三开间四角攒尖顶亭塔结构。整个建筑的所有斗拱、亭盖、椽枋、瓦当、滴水全部用巨石精雕细琢而成，并且石质枋梁接缝处巧妙地用镂空浮雕卷云花纹装饰，视觉上极其完整，交界处严丝合缝，与木质结构毫无二致。（图 2–46）

石亭内顶为穹隆形，四壁四角施云纹卷花斗拱。墓塔置亭内正中，为五级八方石塔，塔基为须弥座，塔身光亮可鉴，正面刻无际禅师坐化像，四周有雕刻精细的花草图案。

非常幸运的是，整个无际禅师塔亭及外层早期木构建筑都完整地保存了下来，作为明代安岳建筑的奇珍异品，这种全国罕见，甚至独一无二的仿木结构石雕建筑，其文物历史价值、建筑史价值，尤其是那高超的艺术造型价值，不仅是建筑学家，更是雕刻艺术家和所有艺术爱好者不可忽视的。

（六）安岳其他重要石刻造像

安岳县境内广泛分布有自中晚唐以降的历代石刻，除了前文重点介绍的五处有高度艺术价值的唐、北宋摩崖石刻之外，还有不计其数分布零散的石刻遗迹。其中有不少同样具备很好的文化艺术价值，比如千佛寨、庵堂寺，等等。鉴于本书的出发点是从造型艺术审美欣赏的角度来加以评述，故对相当一些有文化历史考证价值的石刻略过不记，但专门对一些目前在安岳名气不大，但在艺术审美上具有很高视觉价值的石刻加以介绍，以供有兴趣的读者参考。

塔坡

塔坡石刻是安岳中东部有着极高艺术价值的北宋石刻精品，位于县城东南 40 公里处林风镇大坡村。因清代在云鹫山巅建有浮屠一座，故称塔坡（现塔已不存）。山顶上曾建有大佛寺，现存造像三龛。其中大佛龛为北宋原品，其余二龛为近现代复原之作，无甚艺术价值。

大佛龛高 4.5 米，宽 8.6 米，深 3 米。龛上刻华严三圣像，均高 4 米以上。中为毗卢遮那佛，左为文殊，右为普贤。可惜右边普贤像因历史上岩石断裂，上半身已毁，现存造像为清代垒石补刻，其造型水准极为低劣，几无可观之处。从目前较完整遗存下来的毗卢佛和文殊像及后壁浅刻的 25 个小圆龛造像风格技巧来看，虽无题记可考，但佛尊花冠精绝的多层次镂空雕刻，佛像饱满庄严、法相无边的神逸开脸，以及衣纹线条概括简练、雄浑劲圆的雕造手法，无不显示出工匠在造型技巧上对形体起承转合、劲逸流畅的精娴把握，为典型的北宋高品位佳作。如果不是两尊佛造像的手部与部分花冠均在“文化大革命”时期被人为破坏（虽现已补塑，但甚不协调），那么塔坡两尊北宋大作的艺术神采将无与伦比。（图 2–47、图 2–48）

孔雀洞

孔雀洞位于安岳县东南 60 公里处双龙街乡附近的孔雀山。其实它的位置在离茗山寺石刻造像几公里远的地方，就位于从安岳到大足主要公路的一段拐弯处，很不起眼，过路的时候很容易忽略掉，但其石刻具有高度的艺术造型价值，是不可错过的高水准北宋上品。（图 2–49）

2–47

2–48

2–49

2-47
安岳塔坡华严三圣主尊头像
石刻 像高约4.5米 北宋 摄影／刘晓曦

2-48
安岳塔坡华严三圣文殊头像
石刻 像高约4.2米 北宋 摄影／刘晓曦

2-49
安岳孔雀洞孔雀明王像
石刻 北宋 摄影／刘晓曦

这窟孔雀明王造像因『文革』时为一家农户的厨房而完好幸存下来，今天从佛像上的烟熏痕迹依然能看到历史的玩笑。正是这些烟熏印迹的干扰，初看似乎不容易发现其庄严大气的整体造型和睿智深沉的开脸面相，更不用说看清精巧繁复的花冠和劲圆灵动的衣纹。但如果多看一会儿，其取舍有度的细节把握与劲逸婉转的线条、整体造像的雄壮气势，就能明白无误地显示出来。

2-50
安岳孔雀洞经目石塔
石刻 高15米 北宋 摄影／刘晓曦

整个巴蜀石窟有三处非常有艺术价值的孔雀明王摩崖石刻造像，有两处均在大足境内。尽管大足北山和石门山那两尊孔雀明王造像已相当典雅秀美，但就艺术气质的雍容大度和质朴雄浑来看，安岳这尊孔雀明王造像无疑要技高一筹。

另外，孔雀明王造像背后山上的庙宇里还有一处珍贵的北宋石刻经幢，上面镌刻有多种经文的书法，非常值得一看。（图2-50）

高升大佛

高升大佛也是安岳中部屈指可数的既大气磅礴又细节精美的北宋大作。其位于高升乡天佛村云龙山。崖壁上雕刻有全高4.5米许的华严三圣坐像。三尊大像尽管手已毁，鼻子和部分花冠在“文化大革命”时被人为破坏，并被现在相当低劣的修补所干扰，但从保存下来的完好部分中，仍能相当明显地感受到北宋作品那种气势非凡而又精美细致的造型风格，尤其是那雍容有度的端庄身姿、繁复精巧又收放自如的花冠和洗练劲圆的衣纹对比处理，让人不得不景仰北宋石刻作品那气质过人的造型高度。（图2-51）

2-50

2-51
安岳高升华严三圣文殊坐像
石刻　高约 4.5 米　北宋　摄影 / 刘晓曦

2-52
大足石门山西方三圣窟观音群像
石刻　高约 2 米　南宋　摄影 / 刘晓曦

从上述几处非常具有代表性的安岳石窟作品中可以看到，安岳石刻作为以北宋时期为主的造像作品，在雕刻手法上进一步发展、完善了唐代作品的写实技巧和细节处理，显示出中国本土化风格既传神写实又不拘泥于自然主义式的细节刻画，同时在审美气质上又自然地传承了北宋绘画精神中那种大气磅礴的气势与细节刻画上格物致知的理念高度。这种完美的艺术技巧与精神高度的有机结合，让安岳众多石刻造像庄严而可敬，形象生动而直观，既生活化又不流于俗气，从而无可置疑地将中国石窟艺术推向了典雅醇和的写实巅峰，安岳石刻造像当之无愧为中国古代石窟艺术写实性石刻作品的标程之作。

三 大足石窟艺术

大足石刻作为巴蜀石刻最知名的杰出代表，不仅在中国美术史上享有很高的声誉，也在中外艺术界里享有盛誉。尽管安岳石刻造像年代更早，造型技巧与审美格调更富艺术感染力、更精妙，但独具南宋时期艺术造型风格和浓郁世俗生活情趣的表现手法的大足石刻艺术，仍然是研究中国古代具象写实造像风格不可错过的典型艺术代表。

了解大足石刻，首先要知道大足石刻造像在时代和历史条件下产生的渊源及其艺术风格发展演变的上下文关系，这样才能对大足石刻的造像风格和艺术地位做出合理的解释。

自唐末五代以来，中原北方因战乱民生凋敝，大规模的石窟造像在中原以及江南地区日渐式微。但凭借蜀道天险的巴蜀地区拥有相对稳定的社会局面和富庶的经济条件，摩崖造像在两宋时期的巴蜀地区不仅遍地开花而且日渐昌隆。在造像题材方面，不仅儒、释、道并行不悖，而且一些极具地方特色的佛教题材，如唐末五代川密宗师

2-52

2–53

大足北山 136 窟文殊菩萨像

石刻 高约 2 米 胥安 南宋 摄影 / 刘晓曦

2–54

大足北山 136 窟数珠手观音像

石刻 高约 2 米 胥安 南宋 摄影 / 刘晓曦

柳本尊的“十炼”，在安岳和大足都有其影响广泛的作品。但此民间密教所推崇的极端自残式的修行导化，在中国其他地区的石窟造像中是绝无仅有的。

在造型风格方面，地理位置接近中原的广元、巴中石刻中的隋、唐造像还有明显的北方石窟痕迹，其主要是受龙门和麦积山石窟的影响。到两宋时期，无论是造型艺术处理技巧还是题材内容，巴蜀石刻后来居上，石刻艺术风范自成体系，表现出浓郁的地方化和民族化特色。因此，中外石窟艺术史学家把两宋时期巴蜀石刻作为中国石窟发展史上晚期最辉煌的代表，是一个相当中肯的结论。尽管全国其他地区也有一些两宋时的石窟造像，如陕北钟山石窟、天水麦积山、杭州灵隐寺等等，但远不及以安岳、大足为代表的两宋石刻那样多，那样精，那样独具典雅精醇的民族化艺术之美。（图 2–52 ）

同时，随着时间的流逝，北宋时期于安岳中东部地区出现的整体规模不大，但单窟发愿造像体量宏大，且造像技巧、审美上既有唐末五代遗风又独具中国以心观象艺术精神的高度成熟的写实性作品风格的扩散，加之以安岳文氏家族为代表的石刻匠人的东迁，南宋时大足地区出现了以北山、宝顶山和石门山为最高代表的摩崖石刻。这种更具世俗生活情趣与自然地带有南宋那种精丽劲折艺术造型风格的开窟造像之风，正是南宋时期民间流行的大规模普世宗教教化发愿风潮的表现。一方面，具有教化目的、吸引普罗大众皈依川密道场的大足石刻在造像风格手法上更趋活灵活现的南宋世俗生活审美，从而致力于追求那种总体审美倾向甜美繁复精丽的造型细节处理；但另一方面，因对当时大众审美的投机迎合，大足石刻在艺术造型处理上呈现精巧秀美的风格倾向，也就不可避免地流于某种程式化与工艺化的纤丽之气，而这正是大足石刻在艺术格调和艺术感染力上逊于安岳北宋石刻的地方。（图 2–53 ）

大足石刻能具有今天这样巨大的影响力，离不开著名的建筑家梁思成先生在 20 世纪 40 年代向海外大力地推荐和 1945 年以杨家骆为首的国学考察队结束对大足石刻考察后的高度评价：“大足石刻湮灭千载，此考察的成就，实与发现敦煌相伯仲。”“考论其价值，以为可继云冈、龙门鼎足而三。”[3] 须知，当时还未发现天水麦积山石窟宝藏，更遑论近些年才被知晓的安岳北宋石刻。历史就是如此机巧，在 20 世纪 40 年代的时候，尽管敦煌、龙门、云冈已为世人所知，但中国大地上是否存有唐代之后大规模、高水平的石窟遗存，一直是国人关注的焦点。在那个战火纷飞的动乱时代，这一发现足以让规模巨大、造像风格水准又极具南宋时期精巧纤丽美感的大足石刻扬名于世。往后，

2-55

大足石门山三皇洞文官像

石刻 高约2米 南宋 摄影／刘晓曦

石门山石刻具有的那种既劲折典雅又纤丽精美的造型风格，在整个大足石刻艺术中是最具个性和成熟突出的，这也是本书对大足石刻艺术风貌评价所持有的独立学术立场。

20世纪60年代四川美术学院雕塑系师生对大足石刻大规模地深入考察与翻制临摹，更是让大足石刻的艺术造型风格和艺术审美价值在美术院校的殿堂里成为古代写实性造型风格的完美典范。（图2-54）

1999年12月1日，大足石刻被联合国教科文组织以“天才的艺术杰作”为由名列《世界文化遗产名录》。今天的大足石刻不仅是中国古代石窟艺术史上最杰出的代表，并且也是最知名的巴蜀石刻艺术“代言人”。但过度的旅游开发在某种程度上阻碍了当代人仔细体会其艺术风格的悠远与静穆。须知，正是由于大足北山佛湾石刻、宝顶山石刻、石门山石刻、石篆山石刻和南山石刻等五处最具有代表性、最有文化艺术价值的南宋石刻遗迹联合申报，才让大足石刻艺术为巴蜀石刻赢得了世界文化遗产的桂冠。

所以欣赏大足石刻，考察体会以南宋纤丽精美艺术风格为代表的石刻造型艺术，除了著名的宝顶山规模宏大的石刻巨作，除了静穆悠远、精美雅丽的北山石刻，仅就造型艺术审美的高度而言，规模不大、名声甚微的石门山石刻，却具有更直观和古朴典雅的艺术格调，堪称大足石刻造像艺术的最佳代表。本书对大足石刻艺术风貌的介绍，也正是重点就这三处最具代表性和具有最高艺术水准的摩崖石刻造像来展开。尤其是石门山石刻，以前在大足石刻艺术介绍中分量不重，但其具有的那种既劲折典雅又纤丽精美的造型风格，在整个大足石刻艺术中是最具个性和成熟突出的，这也是本书对大足石刻艺术风貌评价所持有的独立学术立场。（图2-55）

（一）石门山石刻造像（南宋）

石门山石刻造像位于大足往铜梁方向的石马镇新胜村石门山。石门山石刻虽位于仅离公路边不及两百多米处的小山坡背后，但除了路边一处相当不起眼的碑刻指示外，四周是典型的巴蜀梯田和弯曲的石板小路。离开公路走上青石小径不足百米，向左拐过一丛青竹林，掩映在红墙翠竹中的石门山石刻的古朴院落就悄悄地出现在视线当中。

石门山石窟，以该山因两巨石夹峙如门得名。其造像始刻于北宋，至南宋结束，共编有 16 号龛窟，是大足石刻中典型的也是最早集佛、道题材于一区的石刻造像。

石门山石刻作为大足石刻申报世界文化遗产的五大组成部分之一，在大足石刻范围内可以说几乎没有知名度，但这并不能掩盖其独有的和高超的审美艺术造诣。依笔者观点，石门山石刻在规模、形制、题材等文史方面的价值肯定不及宝顶山与北山石刻全面宏大，但仅就本书艺术造型语言本体研究角度的主旨来看，以三皇洞道教题材和西方三圣及十圣观音佛教题材为代表的石门山石刻造像，堪称大足石刻南宋时期最高艺术审美水准的典范。（图 2–56 ）

为什么在本篇中要把石门山石刻的造型艺术水准评价到这样一个高度，甚至颠覆了以往美术界普遍认为大足北山佛湾 136 窟才是大足石刻南宋风格最完美代表的这一结论？

因为从纯艺术审美的角度，石门山三皇洞和西方三圣窟在造型手段、风格审美倾向上和北山 136 窟均具有比例结构写实优美、头冠衣饰瓔珞雕刻精美繁复的特点，但较北山 136 窟而言，石门山西方三圣窟为代表的数珠手观音在整体动态和手部微妙的姿态感上更具生动婉转的审美意蕴，尽管这种稍显精巧的表现手法在审美格调的高度上均不及安岳茗山寺观音像为代表的北宋总体造型水平，是为理由之一。理由之二是石门山观音造像在衣饰飘带起承转合的动势处理上更具灵动飞扬的神采，其特点是穿插于手部的飘带与身躯保持相当的空间距离，而且还略带北宋劲柔飘逸之遗风，而这种造型感受在 136 窟中已难觅其踪，飘带处理技巧略显硬折。（图 2–57 ）理由之三，石门山造像时间为南宋绍兴六年至十一年（ 1136—1141 年），而北山 136 窟造像时间差不多亦为绍兴十二年至十六年（ 1142—1146 年），基本上处于同一时期，但在相近的写实风格中包含有不同的审美特质和不同的艺术风范。136 窟造像出自颍川（今河南禹县）杰出工匠胥安之手，尽管这位来自中原北方的工匠有娴熟的雕刻技巧和高超

2-56
大足石门山西方三圣窟数珠手观音像
石刻 像高约2米 南宋 摄影/刘晓曦

2–57
大足北山136窟宝印观音像
石刻　高约2米　南宋　摄影／刘晓曦

2–58
大足石门山三皇洞左侧文官群像
石刻　高约2米　南宋　摄影／刘晓曦

2-58

的写实能力，雕刻手法细腻精巧，但从整体艺术气息上已难觅中原北方那种大气温婉的艺术神采，审美上趋于花巧甜美；而以安岳文氏家族传人文惟一为代表的石门山石刻匠人，还继承有安岳石刻艺术中的些许北宋神韵，在作品整体气息上还能看出北宋时期造像风格中的那种在精细繁复中又透出劲柔逸动的风采。除西方三圣窟外，石门山三皇洞那几尊文官立像便是绝妙的例证。比如在全身衣纹线条的处理中，虽不及安岳石刻精品那样沉浑劲圆，但其雕刻手法刚柔并济，虚实相生，同时又不乏劲逸流畅的线条感，再配合儒雅含蓄的五官个性处理，在整个视觉气质上堪称立体的绘画造型。（图 2–58 ）

石门山 10 号窟三皇洞是道教题材的石刻石窟，建于宋代，从造型风格和雕刻手法上看，应该是和 6 号窟西方三圣窟为同一门派的高手所作，其最大可能仍然是安岳文氏传派的精妙杰作。（图 2–59 ）

三皇洞造像石窟惜毁于民国时期的一次崖壁垮塌，现今右壁已修复还原，但右壁立像均有不同程度损毁，仅存一尊完整武将雕像。幸好，天皇、地皇、人皇三尊主像及左壁诸文官、真武大帝和护法武将都完美保存到了今天。

10 号窟三皇洞三尊主像虽完整，但雕刻造型水平远不及幸存下来的仙班文官像及真武大帝像，估计分别由不同匠师所为。这其中几尊道教仙官的造型艺术水平之高，

2-59

大足石门山三皇洞真武大帝像

石刻　高约2米　南宋　摄影／刘晓曦

2-60

大足石门山三皇洞文官像

石刻　高约2米　南宋　摄影／刘晓曦

该仙官的衣着装束、体态身姿与永乐宫道教仙官如出一辙，称其为宋代立体版的永乐宫人物造像，亦毫不为过。

2-61

宋太宗像

佚名　绢本　尺寸不详　宋　台北故宫博物院藏

图像引自广西师范大学出版社2010版李霖灿著《古典中国·天角流芳：中国艺术二十二讲》第112页

2-60

2-59

2-61

堪称南宋时期写实风格作品的最高典范。以左壁的男、女仙官造像为例，两位仙官均头戴典型宋代官帽，但形制有别；均双手前捧朝笏，男官神态沉着儒雅，女官眉目清秀端庄。其袖口衣纹层叠分明，线条处理的粗细厚薄、轻重虚实极其微妙到位，在生动真实的视觉感官上又富于劲逸流畅的宋代壁画线描气息。这种在几近于圆雕的石刻作品中所采用和把握的挺括劲圆线条，尽管属于匠人之作，但宋代普遍高超的艺术造型水平，由此可见一斑。同样，这种继承了李公麟、武宗元线描造诣艺术精神的雕刻作品，同台北故宫博物院宋代宫廷画师的《宋太宗像》和永乐宫壁画里道教仙官的造型在艺术处理手法上可称有异曲同工之妙。（图 2–60、图 2–61）

石门山石刻除了 6 号与 10 号两窟最重要的佛道造像以外，处于两面巨石所夹峙的 8 号窟孔雀明王造像，也具有相当高的艺术水准。（图 2–62 ）

和另外几尊北宋时期的作品相比，该孔雀明王像虽不具北宋作品那种雄朴典雅的非凡气势，但其独具振翅欲飞的秀逸雅丽气质，充分表明了南宋审美所追求的独具一格的艺术风貌。个中差别，值得参观时仔细对比体会。同时，该窟后壁上雕刻的各种小像也生动精妙、趣味盎然，值得细品。

在上述三窟精彩造像作品之外，6 号窟窟口左右的天王金刚造像也充分表现了南宋作品那种既写实又夸张的艺术风格，其雕刻手法与造像风格也与北山 133 窟的天王像如出一辙，这种极富夸张象征手法的程式化造像，怒目自重，神情凛然，正代表了典型的南宋天王形象。

此外，石门山还有一些石刻造像，诸如较有特色的千里眼、顺风耳造像，都是典型的南宋风格，虽然艺术价值不高，动态比例也显得夸张失调，但仔细观察其腿部偾张的血脉处理，也可对其独特的写实手法追求莞尔一笑。

2-62

大足石门山孔雀明王像

石刻 高约 3.5 米 南宋 摄影 / 刘晓曦

该孔雀明王像作为巴蜀石窟最好的三尊同类造像之一，虽然体量不及安岳孔雀洞明王像和北山佛湾的孔雀明王像，但却是最秀丽妩媚的一尊。

（二）
北山佛湾石刻造像（唐、五代、南宋）

北山古名龙岗山，位于大足主城区以北1.5公里处，因山势蜿蜒如龙而得名，除了北山佛湾为摩崖造像中心，不远处小山上的北塔寺也有高耸的宋塔和两尊南宋石刻大像。

和因旅游开发而显得过于喧嚣的宝顶山大佛湾不同，这里山势幽曲，环境古雅静穆，一般游客很少光顾。从停车场拾级而上便能感受到一股宁静悠远之气，故而北山佛湾也是大足石刻胜地中难得的清幽佳境。

整个佛湾分为南北两段，龛窟鳞次栉比，密如蜂房。在长约里许、高约7~10米的石壁上，自晚唐、五代、南宋的不断开凿，前后共历两百余年，共编有290窟，大小造像近万尊。在这个形若新月的幽曲佛湾里，大量精美细腻的石刻造像，博得令世人赞叹的“唐宋石窟造像陈列馆”之美誉。（图2–63）

最早在北山开窟造像的是晚唐乱世中一个名叫韦君靖的地方军阀。他一生征战无数，杀人如麻，因担心死后下地狱，故而率先在他创立于北山的永昌寨发愿造像。至此，北山造像一发不可收拾，至宋代时，已蔚为壮观了。

北山佛湾现存为数众多精美的石刻作品中，著名的136窟无疑是整个北山所有杰作中最为璀璨耀眼的明珠，可惜该窟平时并不对一般游客开放，已难以细睹其精美无比的芳容。（图2–64）

该窟凿造于南宋绍兴十二年至十六年（公元1142—1146年），名为转轮经藏窟，是由天才的河南籍匠人胥安所雕刻。因为创造了这窟了不起的南宋石刻杰作，胥安成为大足石刻中有名可考的二十多个工匠中最为知名的一个。对在北宋以前很难在石刻作品中留名的石工匠人而言，胥安因雕刻136窟而名垂中国石窟艺术史册。除胥安外，还有来自安岳的名匠文惟简、文居道等文氏家族匠师，伏小八、伏小六为代表的大足伏氏门派匠师也在作品中刻下匠师的名字。的确是因为宋代场镇经济繁荣，上至画院士大夫作品，下至民间匠人的石刻佳作，往往都要留下自己的姓名。这也从侧面印证了宋代民间艺术水平的高超与名门工匠地位的提高。（图2–65）

转轮经藏窟是北山最大、最精彩及艺术造型审美水平最高的一窟造像。整窟高约4.05米，宽4.13米，进深6.07米，正中为八角形转轮经藏，由地及顶，蟠龙缠绕，是巴蜀石刻中为数不多的中心塔柱窟形制，从该形制来看，隐有北方石窟开窟风格。正壁雕佛祖像，左右分别为文殊、普贤像，此二菩萨像两侧均有男女侍从像。文殊像旁

2-63

2-64

2-63
大足北山 133 窟摩利支天像
石刻 高约 2.3 米 南宋 摄影 / 刘晓曦

2-64
大足北山 136 窟不空绢索观音像
石刻 胥安 南宋 摄影 / 刘晓曦

2-65
大足北山 136 窟如意珠观音像
石刻 胥安 南宋 摄影 / 刘晓曦

从宗教文化角度来看，136 窟是南宋流行的密宗佛教题材窟，但这些菩萨像雕刻得面容端庄姣美，眼神和手势温婉柔美，花冠玲珑剔透，服饰璎珞精巧繁复。尤其是数珠手观音和白衣观音像，体态娴雅轻盈，肌肤圆润饱满，姿容美慧，五官开脸悲悯安详而又神定自若的精神气质，活脱脱地再现了宋代宫廷贵妇那种养尊处优的生活神采。

2-65

2-66

大足北山 155 窟孔雀明王像

石刻　北宋　摄影 / 刘晓曦

这尊孔雀明王造像气度雄劲沉浑，深具劲圆典雅的艺术造型之美，虽然整体气息神采不及安岳孔雀洞那尊明王像那种北宋早期雄朴劲雅之品格，但又比石门山南宋时期的孔雀明王像秀丽典雅的艺术气质更显厚重饱满。故从风格气质上大约可以推断该造像出自北宋中后期。

2-67

大足北山 245 窟观无量寿经变

石刻　晚唐　摄影 / 刘晓曦

北山 245 窟全窟画面精美庄严，气度堂皇，堪称中国晚唐同类题材的上乘之作。

2-66

2-67

为不空绢索观音像、数珠手观音像及洞口金刚力士像。普贤像旁为宝印观音像、白衣观音像及力士像。

136 窟今天享有如此高的艺术评价，不仅因为其本身极具纤丽典雅的唯美艺术气质，极尽精巧繁复的镂空衣饰花纹细节雕刻，还拜其相当完整美善的保存条件和铅华妆彩尽褪的单纯砂岩本色质感，赋予观者视觉上无比单纯与凝练的造型美感。

因此以 136 窟诸菩萨观音造像为代表的南宋精美写实佛教造像石刻作品，一方面显示了令人顶礼膜拜的宗教神性，另一方面又自然流露了浓郁的世俗化审美诉求。正是这种宗教造像作品中从神性向世俗化人性审美转变的南宋写实精品，奠定了其在中国石窟艺术史上的不朽地位。

从再现写实造型技巧的角度看，136 窟那种炉火纯青的雕刻塑造技巧的确具有南宋时期无可比拟的高度。但客观地看，该窟整体表现出的南宋审美格调还是稍显甜俗与粉腻，并且在花冠、衣饰璎珞与衣纹褶皱和五官开脸的雕刻把握上还是略显概念生硬，欠缺像安岳茗山寺、华严洞为代表的北宋巨构那种沉浑劲逸又不失精微广大的心象之气。大足与安岳，正好提供了具有上下文关系的古代艺术佳构，是学习体会两宋不同格调与审美气息的最佳写实典范。

北山 155 窟大佛母孔雀明王像是大足石刻中少有的北宋佳作。这窟造像也是少见的中心塔柱窟形制，该孔雀明王造像构思巧妙，明王背屏上部前曲，直抵窟顶，窟壁上千佛浮雕小龛如蜂巢般密布，与正中气势不凡的主尊造像形成绝妙的主次对比，颇有以小见大的恢宏之气。因此大足、安岳这几尊精彩的孔雀明王造像跟安岳圆觉洞的三尊巨构一样，是相当典型的造型风格和具有承上启下过渡特征的完美范例，在诠释如何从北宋沉浑雄劲又不失精微广大的大度之气向南宋精巧劲折又秀丽典雅的柔美之风的演变发展上，具有异曲同工之妙。（图 2-66 ）

如果要在已经非常世俗审美情绪表达的大足石窟造像布局中找到那种具有极乐无边的天国神韵格调之造像作品，北山最大的 245 窟是最能提供类似敦煌石窟壁画唐代风采的晚唐经典石窟造像。该窟名为“观无量寿经变”，主尊为阿弥陀佛，两边分别为观音、大势至菩萨。整幅石壁刻画的是佛教典籍中宣扬的到处充满奇珍异宝、金银遍地的西方极乐世界。该窟造像布局精严，楼台殿阁和经幢宝塔层叠相接，极富层次变化。在佛像的处理上虽无盛唐那种雍容气度，但从造型中仍可看出“人物丰腴，肌胜于骨”的造型审美特征。此外，在对大小各异的佛像的体态和衣饰的精雕细刻上，

2–68

大足北山 253 窟地藏菩萨造像

石刻　高约 1.1 米　北宋　摄影／刘晓曦

2–69

大足北山大佛

石刻　高约 10 米　南宋　摄影／刘晓曦

在立体空间中辅以大量婉曲的线条刻画，充分体现出中国以线条为主的造型审美意趣。（图 2–67 ）

除上述非常有代表性又具有极高艺术审美价值的几窟石刻作品外，诸如第 5 窟的晚唐毗沙门天王像及侍女造像、南宋 113 窟水月观音像、125 窟数珠观音像、253 北宋地藏观音像、281 号五代后蜀东方药师净土变相，均体现出各自时代的造型审美特征，值得观者仔细品味观察。（图 2–68 ）

此外，北山佛湾不远处小山上的白塔及宋塔山崖下的两尊宋代大型石刻佛坐像，也是寻幽访古的好去处。北山北塔寺遗存是体会宋代石塔建筑艺术和欣赏媲美云冈露天大佛宏伟体量造像风范的不可错过的古代艺术佳迹。（图 2–69 ）

历晚唐五代并在南宋呈异军突起之势的北山佛湾石刻造像，有其独特的典雅秀丽精神气质和娴熟精美的雕刻技艺，虽然在造像题材内容的系统性和完整性等方面可能不及宝顶山石刻，但单就造型艺术的审美与技巧高度而言，北山石刻造像无疑要胜过宝顶山石刻。

（三）宝顶山石刻造像（南宋）

介绍完大足石门山、北山佛湾那些极具艺术价值和魅力的杰作之后，再来谈蜚声海内外的宝顶山石刻，有助于拨开宝顶山石刻艺术众多的民间传说与旅游炒作的浮云迷雾，还原宝顶山真正具有艺术神采的美妙之处，让艺术考察研究超越取悦普通游客层面上的那种善恶因果报应的故事传说。

认识宝顶山石刻，首先要了解巨大宏伟的宝顶山石刻的背景和来历，而这，不能不提到一个法名智宗、俗名赵智凤的宋代高僧。1159年，赵智凤生于大足名为米粮里的地方，因年幼多病，年仅五岁的小智凤削发为僧。16岁那年，他外出云游，在汉州弥牟镇（今成都青白江区）圣寿本尊院研习密教，并继承了晚唐五代蜀地高僧柳本尊开创的川密衣钵。四川密教当年声势浩大，柳氏本人即为当时蜀王的座上嘉宾，大足、安岳地区的著名石窟，诸如安岳毗卢洞、华严洞和大足宝顶山的毗卢道场、圆觉洞及多处孔雀明王窟等都是当年香火鼎盛的密宗道场。因而赵智凤这段佛学经历应该是大足地区众多密宗题材石刻造像的主要原因。

1179年，赵智凤返回宝顶山，开始了他心中规模宏大的宗教造像规划活动。在这位南宋高僧的周密组织和精心策划下，经过70余年惨淡经营，从南宋孝宗淳熙元年到理宗淳祐十二年（1174—1252年）以大小佛湾为中心，宝顶山之前崖后洞，由他延请的蜀中石雕名匠，在其锲而不舍的督造之下，恢宏壮观的宝顶山终于成了一处名垂石窟艺术史的艺术宝库。

如果说宝顶山石刻作为一处相对完备的川密密宗道场，其造像题材内容的系统性、完整性是有目的与计划地按照大乘佛教的基本义理而营造，并且通过真实生动而又世俗化的造像来宣扬佛教的本生经变故事以吸引教化信众，并因此而得到极高的关于历史文化方面之称赞和价值，那么从造型艺术角度出发，观摩宝顶山众多南宋时期主要代表的石刻艺术杰作，更应该以其中在造型审美上具有高度艺术水准的作品作为切入点，去深入体会比较那些既具有浓郁地方世俗生活情趣，同时又具有精彩传神艺术表现力的代表性作品，以便在审美认识的高度上超越那些花哨流俗的故事传说，进入艺术造型风格规律特征的本质性感悟。

在宝顶山诸多石刻造像精品中，大佛湾第18号观无量寿佛经变窟中的观音菩萨像应该是宝顶山最值得观摩品味的上品。抛开此题材全国独一无二的巨大规模，整窟

2-70
大足宝顶 18 号窟、观无量寿佛经变造像
石刻 南宋 摄影 / 刘晓曦

顶高 8.1 米，全宽 20 米之巨，虽为南宋时期作品，但全窟从主尊大像到各类侍从小像，在形态、开脸以及服饰衣纹的雕刻处理与把握上，无不显示出北宋时期作品那种沉浑劲逸的线条律动与形体坚实的体量之感。整窟石刻作品造型技巧精妙，大小造像形体生劲自然，构成布局大小疏密有致，衣饰线条雕刻主次分明且圆润劲逸，几无南宋同期作品中那种普遍较为概念化、简单的形体穿插处理，这在整个宝顶山石刻作品中较为难得。（图 2–70）

特别是主佛左边的观音半身带手造像的雕刻技巧与审美气格尤为高妙，其艺术水准直逼安岳华严洞、茗山寺那些大气磅礴又不失精雅醇和的北宋上品。仔细观摩该观音造像的五官开脸、花冠手势以及衣纹线条的体量处理，从其整体造型动势和庄严俊美的气格神态把握与对手印花冠那种既精巧入微又层次丰富多变的雕刻，该观音造像堪称宝顶山石刻艺术之最高妙品。难怪美国著名的中国文化艺术研究专家杜朴和文以诚在合著的《中国艺术与文化》一书中将其作为该书封面。须知，尽管这也是一家之言，但这本作为美国高等艺术院校中国艺术史教材的专著如此看重这尊石刻造像，一定和其超凡的艺术水平不无关联。（图 2–71）

2-71
大足宝顶 18号窟观无量寿佛经变窟观音头像
石刻 高约2米 南宋 摄影／刘晓曦

如果说18号窟的观音半身造像在单体作品上达到了南宋石刻登峰造极的艺术水平，那么29号圆觉洞在形制结构上则真正称得上是整个宝顶山综合艺术价值最高的洞窟。

这个于1945年被国学大师杨家骆、顾颉刚、马衡率领的国学考察队率先发现的极其完整精美的洞窟，后来被命名为圆觉洞。29号窟整个洞窟为平顶方形窟，门楣上开有一道横向小明窗，以便让光线照进这宽9米、深12米、高6米的大型幽暗洞窟。该窟的诸佛尊位置在布局安排上与安岳华严洞极其相似，也是在正面石雕龛台上安排主尊毗卢遮那佛和文殊、普贤像，在左右两侧龛台上依次安排十大圆觉菩萨。整个洞窟的宗教氛围与华严洞如出一辙，庄严形象地再现了众菩萨依次向毗卢遮那佛发问、聆听佛祖教诲的肃穆情景。在该窟的整体形制和华严三圣主尊及十大圆觉菩萨的动态与布局安排上，一眼就能看出这个南宋石窟与安岳北宋华严洞在密宗题材和艺术处理手法上的联系与继承性。（图2–72）

不过从雕刻造型技巧和艺术审美品格的高度上看，宝顶山圆觉洞虽已达到了相当辉煌精巧的写实水平，比如三主尊和十大圆觉菩萨造像雕刻身姿灵动，衣饰线条轻松逸动，有行云流水之感，众佛尊开脸庄严慈悲，但整体造型雕刻技巧与审美趣味却代表了南宋时期那种秀丽典雅、阴柔婉约的典型气质，如果和华严洞这种北宋顶级的同题材、形制石窟造像相比，无论是单个佛尊菩萨在写实角度的个性与深入刻画上、华严三圣主尊与十大圆觉菩萨的体量气度的主次对比上，还是在具体微妙的动态把握与衣纹线条精微自然的表现处理上，都有不可回避的时代距离。

在宝顶山大佛湾鳞次栉比的摩崖造像中，一眼望去最具气势，最能体现北宋那种磅礴壮观、沉浑劲圆雕刻手法的作品当数第5号窟华严三圣像。这几尊宝顶最为高大的巨构造像均高8.2米，像宽1.5米，体厚1.4米左右。主像后壁刻有81个小圆龛，龛内均为一小型坐佛，雕刻手法同样简练灵动，实属佳品。这几尊大像在造型表达上继承了类似安岳茗山寺5号窟毗卢佛那样微微前倾的动态身姿和极具流畅下垂感的劲圆衣纹排列雕刻手法。但如果和茗山寺毗卢遮那佛同类造像比较，宝顶山这崖南宋华严三圣像除了更高大的体量，在整体动态比例上的庄严逸动之感，佛像五官开脸的微妙神态以及衣纹褶皱线条所蕴含的那种虚实相生、劲逸婉转的表现之道上，依然不能企及其神妙。（图2–73）

另外颇值得一看的是最有人气的千手观音像。初看该像金碧辉煌，令人眼花缭乱，似有俗丽之气。但若仔细体会其开脸法相、动态身姿以及在整个巨大崖壁从上至下、层层叠叠而又优美生动的各执法器的手，则不得不赞叹当年开凿这尊实有830只法手的千手观音的匠师丰富的想象力和无与伦比的形体结构控制能力。只是这尊造像在开始于2010年的维护修复工程结束之后整体造像的气息神采尽失，颇为可惜。（图2–74、图2–75）

宝顶山除大佛湾连绵不绝的经变轮回造像之外，小佛湾内圣寿寺毗卢庵大量小型圆龛造像及经变像因不处于宝顶山造像中心，香火游客较少的缘故，很多石刻作品未经后世的不断妆彩，反而处于非常质朴单纯的纯浮雕状态，让人在视觉上能滤开大佛

2–72
大足宝顶圆觉洞菩萨像
石刻 高约2.5米 南宋 摄影／刘晓曦

2–73
大足宝顶华严三圣像
石刻 像高约8米 南宋 摄影／刘晓曦

2–72

2–73

2-74

2-75

2–74
大足宝顶千手观音像局部
石刻 南宋 摄影／刘晓曦
在这种寓烦琐于律动的高度艺术表现能力中，依然能感受到北宋时期作品中那种极度精巧又不失逸动的秀丽典雅之美。

2–75
大足宝顶千手观音维修后现状
石刻 南宋 摄影／刘晓曦

湾许多因清式恶俗妆彩而产生的强烈不和谐的突兀色彩之感，呈现出一种纯粹雕刻的造型感和石质天然肌理的材质感，从中可以更真切地观察体会有如南宋团扇小品般的那种静谧悠远的诗意之美。

当然宝顶山富有艺术价值的石刻造像还有很多，每个参观者或许应该有意识地去寻找自己独特的发现，而不用总是以别人的眼光去看。于此不再一一列举诸如养鸡女、牧牛图、毗卢道场、地藏王菩萨、十大明王等非常有名的造像。(图 2–76)

不得不提的是宝顶山名气非常大的 11 号窟卧佛造像，这尊号称宋代最大石刻卧佛的南宋大型造像作品，无论从释迦入灭时的静寂体态到五官开脸的庄严气度，还是众弟子前来奔丧的构思布局均不出彩，整个大佛的面相气质和衣饰的雕造均显松散，体量虽大却并无恢宏精严之气。卧佛前的众弟子像坐落零乱，花冠虽精巧繁复但细节处理较为生硬，并与面部结合得欠缺整体感。整组卧佛造像最出彩的应该是传为宝顶山佛湾开创者高僧智宗的半身雕像，即那尊离佛祖头部距离最近，头发卷曲免冠，神态生动谦恭的石刻杰作。

综上所述，像大足宝顶山以大佛湾为代表的佛教石刻长篇巨制，不仅在艺术造型手法上非常世俗化、写实化、地方化，同时在规模形制上又具有气场恢宏、连环生动、引人入胜的特点。大足宝顶山石刻造像充分体现了宋代审美艺术特征，达到了中国古代佛教造像史上很高的艺术价值和独特地位。此外，宝顶山石刻在本土宗教题材上透露出浓郁的世俗化、地方化的美学意蕴，也正是其为大足石刻艺术赢得“艺界文化遗产”殊荣的重要因素。

2–76
大足宝顶 135 窟地藏王菩萨像
石刻　南宋　摄影／刘晓曦

2–77
大足南山三清洞盘龙柱
石刻　高约 4 米　南宋　摄影／刘晓曦

2–78
大足石篆山孔子及门徒像
石刻　高约 1.8 米　南宋　摄影／刘晓曦

2–76

2–77

（四）大足其他石刻造像（南宋）

分布广泛的大足石刻除了上述三处重要的南宋石刻遗迹，全区共有各级文物保护单位的摩崖造像75处之多。但多数分布偏远，艺术水平一般，故不全面介绍。本书选取有较高造型艺术价值的南山、石篆山和妙高山三处佛、道题材造像加以简要介绍。

南山石窟为大足罕见的纯道教造像，最主要的5号窟三清古洞是典型的平顶中心柱形制，窟口雕刻有两根精美的盘龙石柱，有较高的造型审美价值。中心柱正壁和左右两壁道教人物造像体量虽小，却也生动有趣，壮观热烈，也富有较高的艺术价值。而石篆山石刻因其典型的儒、释、道三教合一题材在文化艺术史上占有重要地位，并且也是由源于安岳的文氏一族工匠雕造而成，充分证明了早期安岳石刻对大足的广泛影响力。其有名的6号窟表现了孔子及十门徒像，雕刻手法劲折流畅，算得上该处最好的石刻造像。（图2–77、图2–78）

妙高山也是南宋时期的三教合一造像窟，虽然名气不及南山与石篆山，但2号窟儒释道共处一窟的独特形制和轻盈流畅的线描式雕刻却让石刻造像独具清纯素净之美。同时，更具有类似安岳圆觉洞莲手观音造像风格的4号窟十圣观音造像，虽然小巧玲珑，但其劲折婉转的简练线条和妩媚动人的姿容仪态饶有晚唐五代遗风，具有很高的审美观赏价值。

2–78

四 涞滩二佛寺石刻造像（南宋）

巴蜀境内的宋代摩崖石刻造像，除了安岳石窟和大足石窟之外，合川涞滩古镇内的二佛寺摩崖石刻造像也堪称南宋石刻造像精华，虽然其艺术造诣尚不及安岳石窟，但实与大足石窟的顶尖之作不相伯仲，其在石窟美术史中名声不显，造型艺术价值远未被主流石窟艺术话语所重视，属于典型的被涞滩古镇这类民俗旅游景点知名度所掩盖的真正高水平传统造型艺术宝库。

紧临涞滩古镇的二佛寺，分为上下两寺，上寺大雄宝殿直到20世纪50年代仍然有精彩的三尊彩塑大佛和罗汉像，惜已毁于“文化大革命”中。目前二佛寺仅下寺存有躲过劫难的宋代摩崖石刻造像，总体保存尚为完好，为川东地区不可多得的石刻造像精品。正如段文杰先生所赞：“涞滩摩崖造像，宋代石刻艺术精华。”

涞滩二佛寺，唐时称灵鹫寺，因其背依鹫峰山，俯览清清渠江，旧时也称鹫峰禅寺，下寺巨石夹峙的岩壁摩崖造像为国内罕见的禅宗石窟造像聚点。直到2006年，如此珍贵的石刻造像才列为第六批全国重点文物。据寺内碑文记载，唐中和元年（881年），因黄巢之乱逃入四川的唐僖宗曾遣使于二佛寺祈祷，足见其当时在川东的影响力。又据寺内明正德《重建鹫峰禅寺》碑文：“全蜀大佛有三，而宕梁涞滩镇曰鹫峰，盖其二佛也……”（图2–79）

二佛寺于南宋绍兴二十六年（1156年）于寺内开凿佛像，于淳熙至嘉泰近三十年间大规模造像，在鼎盛时期寺内碑文称：“其刹雄崎川东，与成都之大慈寺，重庆之崇胜寺并称。”正因为二佛寺在川东佛教史上的地位，故其能在当时用最好的工匠开窟造像，为巴蜀石刻的高度与水准提供了又一有力佐证。

二佛寺下寺的摩崖造像，布局颇为奇特，背依北崖的主尊释迦说法造像面对南崖又旁倚西崖，而现存的清代歇山顶大殿从巨石之层叠而上，在殿内即可沿陡峭的西崖石阶拾级而上逐层观礼大佛，亦可从东边架空而建的木梯从底层上到四层之顶，从每层的平台围栏逐次观摩雄伟的大佛造像，而这样的观看方式，正好保留了传统唐宋大佛摩崖造像和木构建筑合二为一的礼佛方式，而这样的观摩，于敦煌130窟南大像和乐山大佛而言，可谓可想而不可即。（图2–80）

2-79
涞滩二佛寺大佛正面像
石刻 全高约12.5米 南宋 摄影／刘晓曦

2-80
涞滩二佛寺大佛头像特写
石刻 头高约3米 南宋 摄影／刘晓曦

2–81
涞滩二佛寺二祖慧可像
石刻 高约 1.6 米 南宋 摄影 / 刘晓曦

下寺摩崖石刻分北崖、南崖、西崖三个部分，计编有42号，造像共计1700余尊。北崖为摩崖造像主体，为高达12.5米的垂足坐释迦牟尼说法图，身后为密如蜂巢的千佛小龛，两侧为诸菩萨胁侍弟子。南崖则是位于殿前的独立巨石，分为五层造像，除了底层从右至左的多臂准提观音、达摩、布袋弥勒等，其上四层均为造型各异的罗汉造像。而宗教史价值和造型艺术价值并重的西崖位于北崖右侧，其中释迦与禅宗六祖的组合造像在内容和形式上反映了禅宗的历史渊源和禅宗不立文字的宗旨。（图2-81）

以往石窟艺术史对于二佛寺摩崖造像的评价，除了较为程式化的礼貌赞誉，其实更看重的是其关于禅宗题材的稀有性和与禅宗六祖造像组合于一龛的形式独一性，似乎并未看重该处摩崖石刻造像在石窟造像艺术语言本体上的高度成就。唐宋以来巴蜀各地均有依山开凿大佛的传统，抛开高约62米的乐山大佛不提，体量规模巨大的还有36米的荣县大佛，22米高的资阳半月山大佛以及潼南大佛等众多近20米高的石刻大佛。尽管有众多开凿于唐、止于宋的超大型石刻佛像，但大多数的造型艺术水平低下。而涞滩鹫峰禅寺以其当年的影响力和宗教地位，完全可以延请全川最好的造像匠师历经30余年精心打造，而二佛寺现存摩崖石刻大佛造型语言本身的雕塑水平正好可以佐证这一点。

巴蜀诸大佛中艺术造型成就最高的莫过于乐山大佛，不论远眺近观，其恢宏雄浑的庄严坐姿与手足、衣饰那劲逸轻盈的线条雕刻无不显示出唐宋造型风格那种端庄雍容的雄健气度。可惜大佛面部毁于20世纪20年代军阀的炮火，现在我们所看到的非常完整的大佛面相，正如梁思成在《佛像的历史》一书中所说，纯粹为二三十年代民国年间所修复，满脸清式平庸呆滞之状，和气势磅礴充满唐宋风采的身躯极不协调，甚为可惜。

相对来说，二佛寺内这尊宋代摩崖垂足坐大佛，从造型艺术语言本体的角度来看，虽在体量上与乐山大佛相距甚远，但二者在总体比例、衣纹归纳、五官开脸、手足雕造上均收放有度，取舍得当，呈现出各自时代的雍容典雅之气。因而涞滩二佛寺的垂足坐大佛成为目前依然很好保持宋代石刻造像那种雄浑醇和气韵风范的孤品。但从2017年8月开始重新维修的大佛，完工之后能否保有原来的宋代风采，实在令人担忧。前几年重新修复完工的潼南大佛和宝顶千手观音就是很好的例子。什么叫修旧如旧，这主要不是技术问题，而是一个审美问题，国内太多的石窟大佛被修缮得面目全非，实为中华传统寺观艺术的不幸。

二佛寺内除了垂足坐的释迦大像气象磅礴，开脸庄严饱满，衣饰简约灵动而不失节奏，手足法度自然，为国内不可多得的宋代摩崖大佛珍品，还有多处造型语言神妙的弟子罗汉造像值得仔细观摩。

摩崖大佛北崖左右侧雕造有众多的菩萨和胁侍，其造型艺术水平在南宋均是上乘，然在三层楼板内可以近距离观摩的左侧飞天龙女和右侧善财童子，堪称二佛寺摩崖造像之精华。相较大佛西侧众多更接近于高浮雕的众菩萨和胁侍，这两尊接近圆雕的造像造型处理整体而又丰富灵动，虽均为虔诚的半跪之态，但低头仰望间身躯的律动和飘带穿插飞扬的雕刻把握，大方而不失精微，干练而不失精准，深具吴道子无风亦动之意，又得武宗元抑扬顿挫之力，耐人寻味，真正体现了南宋时期人物造型形具而神生的高妙艺术水准。（图 2-82、图 2-83）

再看西侧崖壁上的四层罗汉造像，最为精彩的当属第三层的六祖禅宗造像和旁边的释迦及目连尊者等众罗汉像。这些造像的宗教史价值在此不做讨论。本书更看重的是其造型艺术语言价值。一方面这些罗汉和历代六祖造像（有部分被毁，后来被粗劣补上）在排列布局上并不像传统寺观造型那样按部就班，而是采用类似西方浪漫主义群雕那样错落有致的非线性雕造构图，整壁罗汉和主尊尽显主次跌宕，异常生动，既显示了很强的现实生活之感，也暗示了禅宗直指人心、见性成佛的思想主张。以二祖慧可断臂为题材的雕刻及目连尊者周围那些众罗汉的雕刻表现为例，除了人物的体态衣纹雕造手法干练利落，于简约中求变化，于写实中传精神，整壁摩崖造像在造型艺术上达到了非常专业的水准，绝非同时期诸多泛泛之作可比。

本书专为涞滩二佛寺摩崖造像列一节，并不因为该处摩崖造像题材是国内罕见的禅宗造像孤品，毕竟这只是研究其文化史或宗教史价值的角度，仅仅从传统寺观造型艺术达到的专业水平来看，其视觉审美价值绝不在大足石窟几处代表性的精品之下，而这正是本书提出的独立看法。唯有实地观摩比较，方可有自己的发现。

2-82

涞滩二佛寺善财童子像

石刻 高约 2.3 米 南宋 摄影 / 刘晓曦

2-83

涞滩二佛寺飞天龙女像

石刻 高约 2.3 米 南宋 摄影 / 刘晓曦

2-84

万佛寺出土立佛

石刻　高约 1.7 米　南梁

四川省博物院藏　摄影／刘晓曦

2-85

佛立像

石刻　高约 1.3 米　笈多时期

摄影／刘晓曦

2-84

2-85

五 万佛寺出土石刻造像（南梁）

南北朝时期是我国历史上文化艺术兼容并蓄的灿烂时代，同时也是佛教文化艺术西风东渐并与本土艺术语言相结合的第一次高峰。中国早期佛教造像艺术的爱好者可能大多数关注知名度极高的北朝珍品，比如北朝历代皇家石窟；还有就是备受赞誉的北朝出土造像，如曲阳白石造像和青州龙兴寺出土造像。毫无疑问，这些北朝石刻造像在造型艺术水平上具有极高的水准，成为那个时代艺术审美的标杆，而大家对于成都万佛寺出土的代表南朝最高佛造像艺术水平的南梁石刻造像却所知甚少。除了专业的佛教艺术研究者，便是少数石刻造像发烧友，而作为南朝造型艺术精品的万佛寺出土造像，也是本书所研究的巴蜀石刻艺术的重要代表。

从清末光绪八年（1882 年）到 1954 年，成都西门外明代万佛寺遗址上，先后四次发掘出土了 200 多件石刻造像。这些石刻造像上起南朝，下至唐宋，最为精彩的艺术品为南朝萧梁时期的单体石刻佛像。历史上的梁武帝极度崇佛，但南朝皇室却并没有如北朝那样大规模开凿佛窟的风气，规模不大的南京栖霞寺石窟历史上被严重破坏，其艺术神采也难觅踪迹，除了气势豪迈、简约磅礴的南朝神道造像，最能代表南朝造像艺术水平的，非万佛寺出土的造像莫属。（图 2–84）

初看万佛寺出土的单体石刻佛立像，让人很诧异的是造像语言本身浓厚的印度笈多时期造型风格，而与笈多风格稍有不同的是相较于笈多佛像双腿直立的庄重身躯，南梁万佛寺造像右腿膝盖以下小腿略微弯曲，又呈现出一种希腊化风格的犍陀罗造型特点，优美而富于律动。而传承自笈多和犍陀罗佛像“U”形通肩袈裟如水波纹涟漪般的衣纹线条雕刻，完全不同于北印度佛造像半圆状凸起较为呆板平均的纹饰，采用的却是更具中土传统线描造型的叠压刻线衣纹，既富疏密节奏变化，又尽显长短曲直对比。在陈列于四川省博物院万佛寺出土造像专馆里的众多的佛、菩萨及佛龛造像中，尤以几尊古朴沉浑、衣纹线条雕刻如出水般流畅劲逸的无头佛立像为最。这种混合有古希腊和古印度艺术造型风格的立像，称得上代表南朝佛教造像艺术的最高水准。如这尊无头的佛立像，身姿雄浑大气，全身衣纹纤薄劲逸，线条朴拙古雅，于庄严沉稳中自然流露出南朝名士那种褒衣博带的洒脱之气，简洁浑厚的单纯体量在恰到好处的

2–86
万佛寺出土立佛
石刻　高约 1.7 米　南梁　四川省博物院藏
摄影／刘晓曦

2–87
万佛寺出土立佛
石刻　高约 1.6 米　南梁　四川省博物院藏
摄影／刘晓曦

2–86

2–87

动态比例配合下，极其微妙精劲的衣纹线条散发出古琴般的音律节奏美感。可以说，这些南梁时期的石雕造像神品，在艺术神采上已经超过了它所直接继承的同时代印度原型。并且，这也是一种南北朝时期中外艺术交流相融合的体现，成为佐证南朝造型艺术最高水准的罕见珍品。（图 2–85、图 2–86）

万佛寺出土的这批混合有北印度犍陀罗和笈多艺术造型风格的佛造像除给今天的艺术爱好者提供了极佳的视觉审美价值，还因其出土地为西蜀成都，也正好印证了南朝同西域文化艺术频繁交流的史实。近一个世纪以来，在川西的汶川和茂县，以及成都商业街等地，也出土了不少和万佛寺风格相近的南朝石刻造像。南北朝时期中土南方的佛教造像风格均受西域诸地的外来影响，因北朝控制了传统中西交流要道河西走廊，成都地区的佛教造像既接受来自建康（今南京）的南朝主流艺术风格，同时又在与西域的交往中辗转吸收来自北印度地区犍陀罗和笈多艺术的特点。实际上，当年南朝政权与西域的文化贸易联系，就是溯长江而上，以西蜀成都为最主要的中转点和佛教重地，经川西的龙涸（今松潘）取道吐谷浑的丝绸之路青海道，再抵达于阗，从而与传统丝路南北两道汇合，最终前往西域各地。

四川省博物院共计收藏有 63 件万佛寺出土造像，且最具有代表性的造像长期专馆陈列。这些南梁时期的石刻造像，其雕刻水平之高，造型技巧之精，让人不得不联想起“南朝四百八十寺，多少楼台烟雨中”这样凄婉的诗句。的确，何止四百八十寺，深受南朝建康崇佛之风的影响，并作为南朝时期和建康（今南京）联系紧密的西蜀繁华大都会成都的万佛寺、龙兴寺，曾经在佛教艺术上有着怎样的辉煌灿烂。如今，从四川省博物院收藏的这些雄朴劲逸的佛教石刻造像中，依然可以看到现今早已不存的南朝佛教艺术的精华所在。（图 2–87）

观摩万佛寺南梁石刻造像艺术，会让人有不可思议的视觉发现！

六 渠县汉阙石刻艺术（东汉）

最早被西方世界认识的巴蜀石刻艺术，并不是广布于巴蜀山水之间的石窟宗教造像，而是全国范围内遗存最为集中的汉阙。阙，在《说文解字》中的解释为：“阙，门观也。”阙是汉代广泛分布的礼仪及纪念性建筑，主要分为城阙、宫阙、墓阙等几种。西汉都城长安城未央宫的东阙、建章宫的凤阙，都是历史上见诸史册的宫阙。

然而沧海桑田，雄伟挺拔的汉代城阙、宫阙早已泯灭在历史的长河之中，直到20世纪初，入川考古探访的法国探险家谢阁兰于萋萋花草间与高古雍容的高颐阙猝然相遇，令其无限感慨：“伟大的汉，所有朝代中最中国的一个。”其言下之意是指，汉代以后中国文化艺术与外来的佛教文化艺术相生相融，而汉阙及其上的雕刻艺术却见证着佛教艺术传入之前的纯粹中土审美特征。“雄健而人性”之誉，正是谢阁兰遍访巴蜀汉阙遗存之后的由衷赞美。（图 2–88）

继谢阁兰首次对四川汉阙进行大规模实地考察之后，1939年秋，梁思成和刘敦桢也对高颐阙及其他一些巴蜀汉阙进行了考察测量，至此，汉阙作为遗存至今最古老的中华古建筑在中国建筑史上意义非凡，仿木结构雕刻而成的石雕汉式屋脊斗拱和阙身浮雕造像也成为欣赏研究最纯粹中华审美造型风范的典型。

中国至今遗存下来有30处阙，除黄河以北的少数汉阙，其余21处均位于四川盆地，除重庆忠县丁房阙以外，其余均为神道阙，也就是墓阙。而在这21处汉阙之中，著名的“汉阙之乡”渠县竟在离县城西北20余公里处的土溪乡和岩峰乡密集分布有6处7尊东汉时期的神道阙。这些汉阙也许没有雅安高颐阙或绵阳平阳府君阙那样时常见诸文献，但渠县这6处汉阙的阙身浮雕却个个神采非凡，各具特色，从造型艺术的视觉审美价值来看，可能比著名的高颐阙更具直观的欣赏价值。

在渠县的6处7尊汉阙当中，除了著名的冯焕阙是以其阙身汉隶石刻书法著名而被视为蜀派汉隶的典范，其余几处汉阙阙身侧面雕刻的青龙、白虎，却是一直到目前为止未被充分重视的汉代造型艺术神品！这些青龙、白虎浮雕虽身形各异，或粗壮，或劲健，但均以坚齿利吻紧咬玉环之下的绶带，虬曲上仰，作奋欲腾云状，于洗练简约的刀法之中透露出汉代的雄勃朝气和仙界的威严。

2-88
渠县王家坪无铭阙
石刻 高约 4 米 东汉 摄影／刘晓曦

2-89
渠县王家坪无铭阙阙身青龙浮雕
石刻 东汉 摄影／刘晓曦

2-90
渠县沈府君阙左阙
石刻 高约 3.5 米 东汉 摄影／刘晓曦

离土溪镇最近的赵家村，除了有名的冯焕阙，村东和村西各有一处无铭阙，与渠县的其他几处汉阙一样，均无耳阙。这两处无铭阙除了阙顶残缺的斗拱处还有生动仙人走兽之外，阙身粗壮稚拙的青龙白虎雕刻简约有力，雄壮威严。王家坪无铭阙位于冯焕阙和沈府君阙之间，其阙身侧面的青龙浮雕，堪称汉代螭龙雕刻典范。此青龙通体遒劲上仰，以其利吻撕咬垂悬玉环之上的绶带，于千钧一发的气势中奋腾发力，形妙神合，显示出汉代石刻造像率性而灵动的高妙神采。（图 2–89）

渠县唯有沈府君阙双阙俱存，阙身由整块红砂岩雕刻而成，阙顶虽均有残损，但仿木梁枋斗拱雕饰简约典雅，檐头筒瓦雕刻朴拙有力。沈府君阙左阙雕青龙，右阙刻白虎，此处青龙、白虎造型华丽而不失简练，律动而不失劲逸，较前面王家坪无铭阙

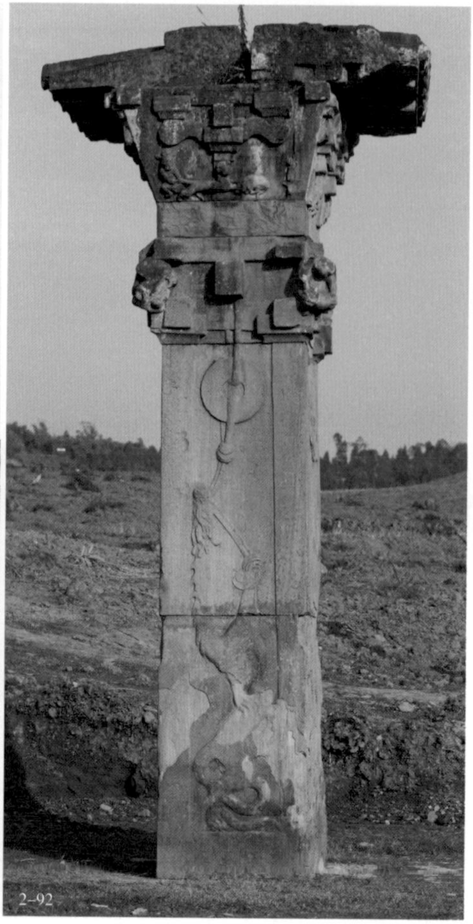

2-91
渠县沈府君阙右阙白虎浮雕
石刻　东汉　摄影／刘晓曦

2-92
渠县蒲家湾无铭阙
石刻　高约 3.2 米　东汉　摄影／刘晓曦

青龙浮雕更为清逸灵动，尽显汉代造型艺术本真又富于想象的浪漫气息。（图 2-90、图 2-91）

距沈府君阙不远处的蒲家湾还有一处无铭阙，此阙也是由阙身和阙楼两块巨石雕刻重叠而成。这尊无铭阙阙身的青龙浮雕，虽然图像样式上仍为青龙紧咬玉环绶带，挣扎欲飞，但此处青龙雕刻在造型上更趋平面劲瘦，于简雅中饱含劲力，实为汉代雕刻中不可多得的精品。（图 2-92）

笔者曾经探访渠县这 6 处 7 尊非著名的汉阙，历尽周折才得以一睹尊容，如今从渠县土溪镇专门修了一条平坦的沥青公路串联起全部汉阙，一次精彩的汉阙视觉发现之旅已不难矣！

七 川北石窟艺术（唐）

五代唐末之后中原北方地区因战乱和民生不济，很少有成规模的石窟造像开发。而恰恰是在北方地区石刻造像一蹶不振之际，巴蜀地区因相对安定富足的社会环境和晚唐五代文人艺匠、高僧大德的纷纷入蜀，给巴蜀石窟造像艺术注入了新的活力。巴蜀大地虽然在初、盛唐时期开窟造像已蔚然成风，但却不及中晚唐那样兴盛，直至两宋时期，以安岳、大足为中心的鼎盛时期的迅猛发展，巴蜀大地早已从北到南布满了年代、风格各异的历代摩崖石刻。

安岳、大足两宋时期大量的摩崖石刻作品代表了巴蜀石刻艺术的最高水平，但川北地区的广元石刻、巴中石刻也在艺术成就上达到了相当的高度。因此在这一节里简要介绍一下这几处有代表性的巴蜀石刻造像，这样有助于理解形成安岳、大足石刻艺术高峰的前因后果。

这里要梳理一下石窟艺术进入巴蜀的历史脉络。川北的广元金牛古道和巴中的米仓古道，自北魏年间零星雕凿的孤单小窟，到初、盛唐年间，金牛道的广元和米仓道的巴中成为石窟艺术进入蜀地的前站。盛唐之后，大佛造像之风盛行巴蜀大地，巍峨壮观的乐山大佛便是那一时期的典型代表。而唐末、五代乱世，安岳、大足成为中国石窟艺术的火种，在两宋时期达到巅峰的高潮之后，泸县玉蟾山的明代石窟成为石窟艺术在巴蜀大地上的绝唱。

因此了解广元、巴中地区初、盛唐时那些巴蜀早期的重要石窟造像，有助于认识安岳、大足石刻兴盛的前奏，而知晓川东涞滩二佛寺的宋代石刻，则提供了两宋时期石刻艺术遍地开花的证据。

在连接川陕金牛古道的广元，嘉陵江边的千佛崖和隔岸相对的乌龙山皇泽寺石刻造像，代表了初、盛唐时期在巴蜀石窟传播的典型北方风格和技巧。比如皇泽寺的大佛窟，其一主二弟子二菩萨二力士加背部浮雕天龙八部的造像形制，以及造型处理上头部五官偏大，形体比例失调，动态表情较为生硬，但其曹衣出水般纤薄的衣纹表现，表明它的艺术风格还带有中原地区隋末唐初的影

2-93
广元皇泽寺大佛窟造像
石刻 主尊高 5.1 米 初唐 摄影／吴克

2-94
巴中南龛石窟造像
石刻 盛唐 摄影／刘晓曦

响。（图 2-93）而千佛崖 202 号窟地藏菩萨造像在形体比例和动态身姿上已相当写实自然，同时衣纹处理仍然保持了南北朝时期那种纤薄逸动的优美线条，可视为中盛唐时期的杰作。

除了金牛道，由米仓道经南郑入川传播进巴中地区的水宁寺和南龛石窟，是巴中地区盛唐石窟的主要代表，也是值得观摩的具有造像体态丰腴、神态安详宁静、气度华丽的盛唐艺术之风。（图 2-94）

今天巴蜀地区存世的盛唐造像，绝大多数均风化侵蚀而呈斑驳零碎之态，而水宁寺以药师佛窟为代表的盛唐石窟造像却几乎完好无缺。除了主佛、胁侍菩萨及金刚力士具有清晰完整的盛唐风韵外，模仿屋檐构造的龛楣层层叠叠排列着繁复而华丽的各种装饰纹样，主尊庄严安详的神态，菩萨的细腻丰美，天王力士威武夸张的造型风格与精美雕工，甚至赢得了敦煌研究院前院长段文杰“水宁寺盛唐彩雕全国第一”的赞誉。

南龛石窟最著名的 103 号窟造像，是唐开元盛世完整遗存至今的代表性盛唐杰作。处于南龛石窟崖壁最好位置的 103 号窟石刻造像，远看全是密密麻麻的小型造像龛，龛龛珠光宝气，尊尊艳丽多彩。石刻上的妆彩采用石绿、石青、赭红等天然矿物颜料，色相鲜明饱和，堪与敦煌莫高窟的盛唐彩塑相媲美。

以广元、巴中石窟为代表的川北石窟造像，虽不及北方龙门石窟、天龙山石窟等地的唐代造像那样恢宏成熟，但艺术风格却传承自中原洛阳、长安的“两京”模式，也是巴蜀石窟宝库的重要组成部分。

2-94

第三章

山西古建筑寺观艺术

一 山西历代艺术古迹概述

就传统艺术而言，凡是讲山西的艺术古迹，除了早已享誉世界的伟大的北魏云冈石窟，以及另一处被美术界广为称颂的永乐宫元代壁画，普通艺术爱好者便很难说得出其他很有影响力的古代艺术遗迹。除此之外，平遥古城和各家大院便成为常规印象中山西历史文化的形象代言了。

其实研究观摩中国古代最精华的各类造型艺术，尤其是从北魏、隋唐五代至辽金宋元明清，历朝历代在山西都有大量保存完好、艺术水准相当高超的杰作存在。并且大多数还处于美术史家巫鸿先生在《考古美术的理想》一文中提到的概念，“除了字画、青铜器、玉器、瓷器等传统艺术品之外，至今仍完好保有在古代寺庙，道观建筑实体内的宗教壁画、泥塑石刻造像以及建筑原构构件本身”这样不可移动的文物状态。事实上山西正是这种保有大量相对完好的处于原地之上历代“不可移动文物”的文化艺术宝库。其中绝大部分遗迹处于身兼建筑、壁画、泥塑三绝合一的艺术状态，至今仍声名不扬，远离喧嚣商业旅游的侵扰。（图 3–1）

在山西，除极负盛名的云冈石窟外，相当多非常重要的造型艺术古迹一直不为美术史专业外的艺术界人士关注。的确，要看到唐代及以前的高水平壁画，敦煌石窟具有无可撼动的地位，但唐以后的历代寺观壁画和雕塑，尤其是五代、宋、辽金、元、明时期最高水准的壁画、泥塑作品，无论是流落在海外各大博物馆，还是在本土收藏体系内，出自山西的古代艺术杰作均是顶级的收藏。诸如在海外博物馆拥有广泛影响的晋南寺观壁画群，诸如在造型艺术水平和数量上均可傲视敦煌藏品的唐代泥塑石刻，均在全国范围内独占鳌头。

山西省拥有如此丰富多彩又具有极高艺术价值的古代艺术杰作，其品质与规模足以傲视国内其他地区，而得以保存这些珍贵的古代造型艺术资源，得益于其独特的历史、地理及经济文化渊源。

山西古称晋，系春秋战国时最重要的诸侯国之一，且有担当屏蔽周王室的大任。晋国开创东周，使周王朝延续的同时，也让山西得到“晋”的分封。公元前 455—前 453 年的晋阳之战，赵、魏、韩“三家分晋”，故“三晋”也成为山西的指代。从北

3-1

3-1
古竹林寺出土菩萨立像
白石雕刻　高约 1.5 米　盛唐
山西省博物院藏　摄影／刘晓曦

魏开始，平城（今大同）曾作为北魏都城，云冈石窟的开凿，正是北魏皇室崇佛的艺术文化遗证。隋唐五代时期，上至皇室王侯，下至平民商贾，信佛崇佛之风披靡三晋。正是从那时起建造的大量庙宇殿堂，因山西干燥少雨的地理气候条件，让大量榫卯结构的木构建筑遗存至今，奠定了山西“中国古代建筑博物馆”的美誉。同时，这些建筑内的壁画、泥塑作品，也当仁不让地成为中国古代艺术瑰宝中的精华。这些历唐宋元明至今的木构古建，在建筑本体完整保存到今天的同时，也让建筑内的壁画、泥塑和木结构本体共同组成山西所特有的三位一体古建筑艺术系统，正所谓：“皮之不存，毛将附焉。”参观考察这些“活”到今天的艺术古迹，不得不感慨山西不愧为中国最大的地上文物大省。

山西具有独特的地理条件，如东有太行，西有黄河天堑，北有雁门雄关，南有中条山、王莽岭屏蔽，因而山西历代遭受战乱影响较小。两宋时期，山西大部分地区处于宋与辽金对峙的区域，相对稳定，因辽金皇室均崇信佛法，佛教在山西得到广泛传播，中原汉族文化艺术在辽金统治下的山西反而发扬光大。不光有南方汉文化的影响，宋王朝因退居江南而渐失的唐风古韵，却在辽金统治的黄河以北的广大地区得到广泛的继承，从晋北地区众多辽金古刹巨构里遗存至今的壁画、泥塑作品里可以清晰地感受到这样的佐证。

正因山西所独具的悠久历史文化积淀，让经过无数天灾兵祸的三晋大地至今依然不可思议地保存下来如此多、如此精美、如此完整、艺术水准又如此高妙的造型艺术古迹。冥冥之中或许真是华夏先祖悄悄遗留给今人最宝贵的艺术财富。如果有足够的时间依次寻找三晋大地上的伟大艺术遗留，那些古朴雄健的寺观木构古建，彪炳千古的寺观壁画、泥塑，还有那北朝、隋唐最辉煌的石窟石刻，山西传统造型艺术遗珍一定会带给来访者最震撼的艺术感受和享受。

3–2
青龙寺正殿壁画释迦说法图
朱好古门派　元　摄影／刘晓曦

3–3
广胜寺下寺壁画药师佛佛会图
朱好古门派　元　纽约大都会艺术博物馆
图像引自《华夏地理》2011 年 11 月号第 118 页
孟嗣徽《丹青永恒，晋南寺观壁画群巡礼》

3–2

3–3

二 晋南艺术古迹

晋南艺术古迹最为精彩的当属寺观壁画。迄今为止，中国早期寺观壁画相对集中在晋南，而这当中又以元明两代的寺观壁画最为成熟、最为精妙。中国美术史上大名鼎鼎的永乐宫壁画，今迁建至芮城龙泉村附近，是元代最高水准的壁画。除此之外，还有依然保存在晋南寺观中的元明时期的精美壁画，如洪洞县霍山南麓广胜寺下寺水神庙的元代壁画、稷山县马村青龙寺元代壁画、高平万寿宫元代壁画、广胜寺上寺明代壁画等等。（图 3–2）

从晋南遗存至今的寺观壁画中，可以目睹古代晋南民间画师天才般的画风技艺。其艺术题材取向上以人物画为主，集人物、山水、花鸟之大成，成为中原绘画传统的珍贵遗存。在我国河西走廊石窟寺壁画经中原以后逐步衰落之际，山西晋南寺观壁画却异峰突起，大放异彩，推动了中国壁画历史继续向前发展。

认识晋南寺观壁画，有助于了解流失海外现存于西方重要艺术博物馆中珍贵的中国古代壁画不仅有敦煌壁画，还有更多、更精彩的来自山西晋南元明时期艺术成就极高的寺观巨制壁画。从已散失海外和已脱离原壁未能运出国门的晋南几铺最珍贵、最有代表性的作品来看，分别有晋南兴化寺元代壁画《弥勒佛说法图》，现藏于加拿大多伦多皇家大略博物馆；洪洞县广胜寺下寺大雄宝殿元代壁画《炽盛光佛佛会图》，现藏美国堪萨斯城纳尔逊·阿特金斯博物馆；广胜寺下寺元代壁画《药师佛佛会图》，现藏美国纽约大都会艺术博物馆；广胜寺下寺前殿明代壁画《炽盛光佛佛会图》和《药师佛佛会图》，现藏美国费城宾大博物馆；还有现藏故宫博物院的稷山县兴化寺元代壁画《过去七佛说法图》。（图 3–3）

上述几铺规模宏大的元明壁画由于年代、形制及风格相近，在海外被称为“晋南寺观壁画群”。幸运的是，于 20 世纪 50 年代初才发现的永乐宫，极其完整地保留了元代建筑原物和几个大殿的壁画，并且在艺术水准和成熟度上超越国内外所有同期作品。今天亲临永乐宫现场的参观者能无比幸运地近距离感受中国历史上最为恢宏的元代晋南壁画。

晋南地区不仅有蜚声海内外的元明寺观壁画群，承载这些中国壁画史上最后一次辉煌高峰的同期木构建筑和泥塑作品也相当令人赞叹。对晋南地区一系列古建筑、壁画和泥塑作品进行深入的观摩，才能体会继承元代绘画、书法作品那种劲逸古朴、散淡天真的造型艺术气息。

（一）永乐宫及周边艺术古迹（元壁画、元构、宋构、唐构）

在介绍永乐宫三清殿那几铺气势宏大、构图精严致密、线条遒劲率直、人物表现精微传神、博得满壁风动的著名元代壁画之前，首先需要了解是什么样的民间画工班子创造了这几铺体现前朝著名画家艺术风格的伟大道教人物绘画作品。

根据永乐宫壁画题记和其他一些历史文献记载，元代晋南地区著名民间寺观壁画领军人物朱好古的绘画班子创作了永乐宫道教人物壁画，另据故宫博物院研究员孟嗣徽女士在《元代晋南寺观壁画群研究》一书中的考证结论，以民间画师朱好古为领袖的绘画班子及其传派门徒，不仅创作完成了永乐宫壁画，前文列举的那些流落海外的多铺元代壁画巨制，均出自这位天才式的民间画师门派之手。（图 3–4）

欣赏并理解永乐宫壁画，从艺术史和风格史的角度，首先要了解在中国美术史上享有崇高地位的两卷白描人物绘画作品，即传为唐代吴道子的《八十七神仙卷》和传为宋代武宗元的《朝元仙仗图》两卷手卷作品，才有助于今天重新评价永乐宫壁画的艺术价值。（图 3–5）

这两卷古代绘画珍品在形制题材、人物布局、线描风格上几乎如出一辙，同为壁画创作的小稿样本，却最真切传神地反映了吴道子、武宗元为代表的唐宋白描大家的绘画风范，故而在中国美术史人物画题材上得到主流美术史家的一致推崇。同样，既然朱好古绘画班子能创作出三清殿及其他精彩的晋南寺观壁画，那么他也可能画出同等水准的手稿范本。而这一推测在黄苗子先生《艺林一枝》书中可以得到证实。在该书中黄苗子谈到永乐宫大殿壁画原有小样两卷，为历代永乐宫住持道长所秘藏，不轻易示人。直到当年土改，时任道长将其同所有土地契据付之一炬。虽然叹惜永乐宫的白描粉本不存于世，但对上述绘画背景的了解，实在是认识永乐宫壁画的关键。（图 3–6）

一方面，要从艺术表现上去认识永乐宫壁画。它除了在人物造型、构图安排上寓复杂于单纯，寓变化于统一，寓动于静，在形象创造与神态把握上也具有出神入化的绘画技巧。尤其要注意其衣纹线条的用笔兼具唐代的细密流畅与宋代劲逸顿挫的风格特点，并进一步认识衣纹疏密有致的转折变化与内部肢体运动之间的自然流露的关系，从而使绘画出的线条既简洁有力，又婉转流畅，既严谨含蓄，

3–4

永乐宫纯阳殿柳仙壁画

朱好古门派 尺寸不详 元

图像引自文物出版社 2008 版萧军编

《永乐宫壁画》第 267 页

3–5

《朝元仙仗图》局部（传）

武宗元 宋 绢本 纵 57.7 厘米 横 790 厘米

美国王季迁藏 摄影／曹敬平

这卷伟大的白描作品分别被张大千和谢稚柳评为『北宋武宗元之作，实滥觞于此』『晚唐之鸿裁，实宋人之宗师』，并喻之为稀世之珍宝。其实这卷绘画作品的真正用途是古代道观壁画的粉本，即小样。

又生动变化，强烈地增加了整铺画面的真实性和装饰感。

另一方面，要从色彩上认识永乐宫壁画。和受到文人士大夫所追求的化绚烂为平淡、崇尚素简散淡气质的白描作品《朝元仙仗图》等稿本不同，永乐宫壁画所具有的金碧辉煌而又浪漫绚丽的重彩勾填与沥粉描金的色彩处理，让永乐宫三清殿《朝元图》东西双壁重彩壁画远看能让人感受到画面冷暖强弱色相层次互动对比有如交响乐般的恢宏气势，近看又能细品沥粉堆金线条所突出的衣饰、璎珞花纹等质感肌理所富有立体装饰意味的细节之美。

因此可以说，以三清殿《朝元图》为代表的元代盛期道教壁画，作为中国美术史上集白描线条与重彩勾填于一体的浪漫写实风格人物画巨作，无论是在写实造型技巧的高度上，还是在浪漫意象的哲学思想表达上，在中国绘画史上并未被充分认识与肯定。（图 3–7、图 3–8）

现存的永乐宫元代建筑群除了缺少损毁于 1938 年侵华日军炮火的邱祖殿之外，完好保存并被搬迁到现在芮城古魏国遗址上的有四座大殿。从清代山门进入后，依次有龙虎殿、三清殿（无极殿）、纯阳殿、重阳殿。这四座大殿均是迄今为止保存最为完好的元代高规格木构建筑，在参观永乐宫各殿壁画之余，一定要观察体会这些珍贵壮观的元代建筑在飞檐斗拱、鸱吻垂兽的造型结构和色彩对比上的元代艺术风采。（图 3–9）

3–7
永乐宫三清殿壁画仙官玉女局部
朱好古门派 元
图像引自文物出版社 2008 版
萧军编《永乐宫壁画》第 131 页

3-7
永乐宫永乐宫三清殿壁画白虎星君像壁画
像高约 3 米 朱好古门派 元
图像引自文物出版社 2008 版
萧军编《永乐宫壁画》第 179 页

3-9
永乐宫无极门琉璃鸱吻
高约2.2米 元 摄影／刘晓曦

在芮城，除了重点观摩永乐宫壁画，其实还有不少有重要艺术价值的古迹值得参观。比如山西四座唐代木构建筑之一便在永乐宫背后不足两公里远的龙泉村内。这座名为广仁王庙的唐代遗构虽经后世多次整修而欠缺古朴之感，但简洁有力的斗拱形制和平缓的歇山式屋顶，依然流露出一丝大唐遗韵。

另外，一定不要错过连当地人都不太清楚的位于县城中心小巷内的芮城城隍庙，也就是芮城博物馆。该庙创建于宋大中祥符年间（1008—1016年），除较为完整地保留有宋、元时期的木构建筑之外，还有不少高水准的石雕佛像和颇有明代院体风格的八屏通景堆绢《郭子仪拜寿图》。从城隍庙内的古代建筑身上，不仅可以在宋代大殿的斗拱造型构造看出醇和典雅的宋风，也可以在元代“看台”不施雕琢的斗拱梁架上看到元人古朴粗犷而不失秀丽的风采，尽品宋元之意。

（二）稷山青龙寺壁画（元壁画、元构）

前文提到山西晋南现已不存的稷山县兴化寺由朱好古门派创作的元代壁画除有一铺保存在故宫博物院保和殿，另一铺《弥勒佛说法图》现为加拿大多伦多皇家安大略博物馆所庋藏。此外，还有一小块遗留下来的壁画收藏在稷山县博物馆。那么，在稷山县还有没有朱好古门派的元代壁画作品遗存呢？答案是肯定的。现今邻近兴化寺遗址的马村青龙寺，仍然保有规模不大的元代建筑。该寺历经劫难，泥塑作品早已不存，但殿堂中残留的部分壁画却是朱好古门派原作。（图 3–10）

青龙寺始建于唐龙朔年间，寺庙现存元构数间，院落里中殿和正殿遗有宝贵的元代壁画。尤其是后殿大雄殿里的两铺壁画，总体保存较为完好，东壁为《释迦说法图》，西壁为《弥勒说法图》。根据孟嗣徽女士的考证，从壁画题记、风格、图像和历史背景分析，青龙寺现存这几铺壁画应和朱好古画工班子所创作的稿本有密切关系。青龙寺壁画中的人物造型、面部五官勾勒、设色用笔、线条运用的顿挫行走以及满壁风动的绘画艺术气氛，稍有永乐宫壁画知识背景的人便可以看出两处壁画在绘画语言之间的联系。（图 3–11）

虽然青龙寺前殿和正殿几铺壁画同为元代朱好古门派画工所作，但因作品尺寸较

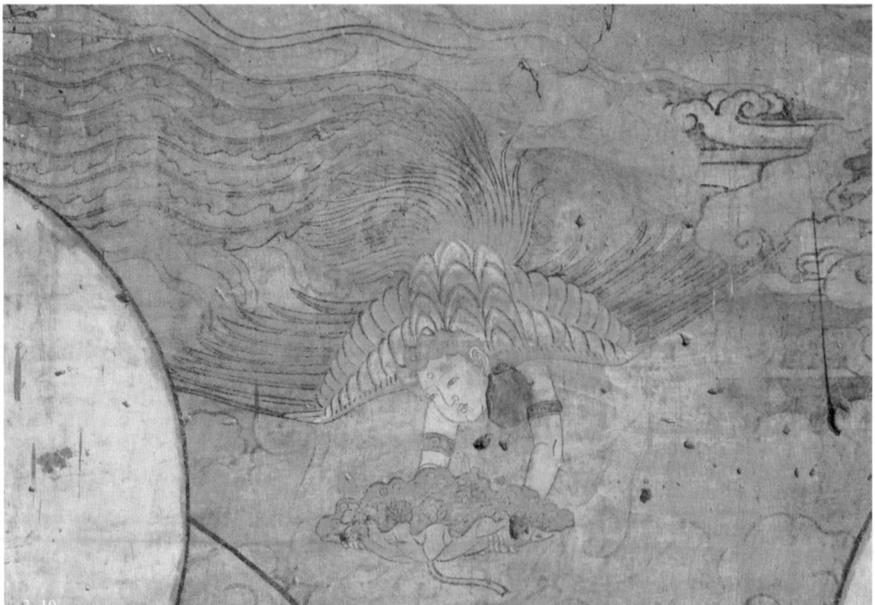
3–10

3–10
青龙寺壁画羽人局部
朱好古门派　元　摄影／刘晓曦

3–11
青龙寺正殿壁画弥勒说法图
朱好古门派　元　摄影／刘晓曦

3–12
青龙寺中殿壁画局部
朱好古门派　元　摄影／刘晓曦

永乐宫三清殿《朝元图》小，人物组合相对较简单，整体气势不及永乐宫壁画那样恢宏磅礴，故并不为大众所知晓。但从绘画造型艺术表现语言的角度来观看，不论是前殿单体人物体量更小的水陆画，还是颇有气势的正殿两铺说法图，其专业的绘画价值绝不在永乐宫三清殿壁画之下。尤其是正殿西壁保存更好的《弥勒说法图》，其构图更接近于现藏于纽约大都会博物馆的广胜寺壁画《药师佛佛会图》。这铺壁画设色古雅富丽，人物造型、五官开脸和三清殿《朝元图》更是有异曲同工之妙。而这铺壁画在绘画技巧上更高一筹的是勾勒弥勒佛和两旁半跏趺坐的胁侍菩萨衣纹的白描线条，其用笔劲逸流畅，转折顿挫精劲自如，颇有画家率性而不失法度的挥洒，于绘画图像仪轨的规范中又流露个人性情，较三清殿壁画精熟有余而略显程式的偏装饰画风更具艺术家的个性表达，也许正是青龙寺较永乐宫三清殿较低的规格级别，当年接青龙寺壁画的朱好古门派画师在绘画的过程中可以更自由地加以发挥。与永乐宫壁画相比，在同样高超的绘画技巧和高度相似的艺术风格中，青龙寺壁画所蕴含的那种更加丰富、更加有个性表现的绘画质感，可能更好地体现出了朱好古门派壁画的艺术水准和感人魅力。（图 3–12）

（三）新绛龙兴寺（元塑、元构）

领略完原汁原味的元代名家壁画，离青龙寺不远的新绛龙兴寺内的9尊元代彩塑也是不能不看的元代珍品，虽然龙兴寺宝塔冒烟的传奇在当地家喻户晓，但龙兴寺内大雄宝殿里国宝级的一组元代彩塑却不为人知。这组从“文化大革命”动乱中幸存下来的彩塑，目前虽然不知为元代哪位匠师所创造，但从塑像的造型风格、宝冠衣饰处理和设色上彩的调子等艺术手法上看，和现存广胜寺上寺弥陀殿里的元塑如出一辙，有理由相信这也是当年晋南地区高水平的同一门派塑匠所作。

龙兴寺大雄宝殿佛坛上的这组三世佛及胁侍菩萨彩塑总体保存较为完好，虽然一些诸如指甲、飘带之类的易碎部分略有损毁，但整体的五官开脸和衣饰飘带，包括身上的彩饰，都原汁原味地保持了当年的味道，没有被后世重修妆彩，实属难得。除了古雅庄严的三尊主佛塑像，最有艺术价值的便是两旁的胁侍菩萨。此处几尊胁侍菩萨与广胜寺弥陀殿里的胁侍从体态、宝冠、衣饰璎珞和凌空飞舞的飘带，包括脚踏的朝天犼瑞兽等均高度相似。这些胁侍塑像比例修长，体态于庄重中显露出微妙的动感，五官开脸秀丽端庄，手执法器落落大方，衣裙飘带劲逸风动，极具唯美风格的娴雅气质，为不可多得的元代彩塑上品。（图 3–13）

除了罕见的元塑珍品，龙兴寺内还有享誉全国的书法艺术名碑《碧落碑》。此碑为唐碑，是在前代古体书法基础上融会贯通而独具风格的古篆体，亦是被历来金石家、书法家所看重的珍品，不容错过。

3-13
龙兴寺正殿菩萨立像
彩塑 高约2米 元 摄影/刘晓曦

（四）洪洞广胜寺（元构、元塑、元壁画）

广胜寺位于山西洪洞县城东北 17 公里的霍山南麓。北魏时著名地理学家郦道元在《水经注》中记载的霍泉即发源于此，可惜该泉现已干涸，靠人工抽水勉强维持。霍泉滋润了晋南万亩良田，也造就了广胜寺历史悠久的人文景观。

广胜寺创建于东汉桓帝建和元年（147 年），原名“阿育王塔院”，据传西域僧人慈山在霍山坐化，汉朝皇帝下旨在此为其建舍利塔并兴建寺庙。后来唐太宗大历四年（769 年）钦赐匾额“大历广胜寺”，并立石为记，至此更寺名为“广胜寺”，此后不久又兴修了广胜下寺。广胜寺历经劫难至今，除上寺琉璃砖塔和大雄宝殿经过明代重修重建外，上下寺许多建筑物均为元代原构。

早在 1933 年，时属赵城县的广胜寺金代雕版藏经的发现曾轰动了中外学术界。1934 年，著名建筑学家梁思成夫妇首先到广胜寺考察记录，并对广胜寺上下两寺的元代建筑遗构和元代塑像做出了高度评价与详尽记录。

正如前文所述，广胜寺下寺大雄宝殿元代壁画《炽盛光佛佛会图》与《药师佛佛会图》两铺同样为朱好古门派所绘制的高水平壁画作品，均被收藏于美国两家著名艺术博物馆，而下寺前殿明代壁画精品《炽盛光佛佛会图》和《药师佛佛会图》现藏于美国费城宾夕法尼亚大学博物馆。上述精美的广胜寺元明壁画不仅成为这些博物馆东方艺术的镇馆之宝，在另一种角度和意义上，不妨将其看作中国古代艺术品在西方世界的巨大艺术影响。

广胜寺下寺大雄宝殿仍然残留有 16 平方米左右的元代壁画，虽光线幽暗，仔细观察依然能在斑驳的画面中感受到朱氏门派那种线条劲健、色彩精妍的画风。在下寺大雄宝殿不远处有一座有名的元代木构建筑明应王殿，俗称水神庙，该建筑保存有非常完整的元代梁架斗拱原构，极富古朴雄劲的元代造型风格。而接近该殿不远处的一处不起眼的戏台背后，竟还遗存有两尊高大挺拔的元代天王泥塑，造型雄厚沉浑又不失精准细节刻画，一眼望去便能感受

3-14
广胜寺下寺天王像
泥塑　高约 2.2 米　元　摄影／刘晓曦

3–15 广胜寺飞虹塔
明 摄影／刘晓曦

梁思成先生认为该塔布满琉璃人物垂兽及砖瓦赘饰，有矫揉造作之感，在审美趣味上不及唐宋时期那种雄朴劲健之感。如今飞虹塔在我们眼里已是一座很有古意、情趣盎然的古塔，但铭记梁思成先生对飞虹塔独到的评价，对于今天在造型艺术学习中超越浮华巧饰的审美情趣、提高艺术审美修养，实在大有帮助。

到迥异于明清的那种宋元大气遗风。（图 3–14）

明应王殿内，依然完好保存有一组元代龙王水神及侍从的高水平泥塑。龙王塑像为坐姿，高 2.3 米，身着帝王装束。两侧侍从官员头戴乌纱梁冠，手捧笏板，谦恭谨慎。这组比真人略大的塑像形态生动自然，表情传神，衣着华丽，线条劲圆流畅，俱为元代泥塑精品。同时该殿南壁上有一壁大型元代戏剧壁画，画法风格虽不及朱氏门派那样精熟劲逸，但风格生动朴质，颇富稚拙自然之趣。

参观完下寺，顺盘山公路而上到达不远处的上寺山门，著名的明代琉璃飞虹塔雄踞山巅，呈现出富丽堂皇的恢宏气势，非常引人注目。但古建专家梁思成先生评价该塔作为中国古塔杂变时期作品，和古拙繁丽的唐宋古塔相比，塔身逐层收分甚骤，毫无弧形的卷杀过渡，整体造型僵直，缺乏唐宋古塔那种劲折秀丽的变化之美。（图 3–15）

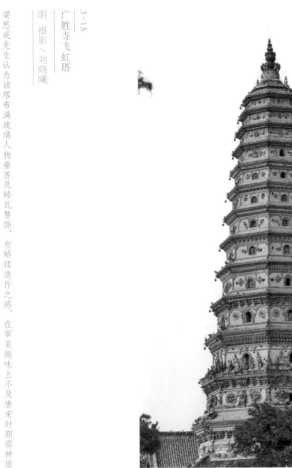

3-16 广胜寺弥陀殿胁侍菩萨像

彩塑 元 高约3米 摄影／刘晓曦

该菩萨塑像头饰花冠繁复华丽，面相开脸端庄秀丽，双目微睁微闭，口含微笑。飘带裙袖劲逸流畅，全身体态娴雅修长，配上沉稳雅丽的妆彩处理，尽显元代造型艺术独有的娴雅劲逸之美。

现在广胜寺上寺里最有价值的作品，当首推飞虹塔后弥陀殿里的元塑西方三圣像。佛坛上的主尊为铸铜，造型显得较为松散平弱，缺乏主佛那般庄严气度，艺术水平普通，疑为后世补铸。真正的泥塑精品为左右两尊彩绘观音和大势至菩萨像。此二像高约3米，分别立于“朝天犼”与“麒麟”二瑞兽背上，手执莲花如意。弥陀殿背后的大雄宝殿里也有相当精彩的元塑作品，比如诸菩萨像和两侧侍从像，主尊雍容大方，侍从劲健有力，虽被后世花哨的妆彩所干扰，但仍如梁思成先生在《佛像的历史》一书中对该殿泥塑的评价：“前殿塑像颇佳，虽经多次重塑，尚保持原来清秀之气，佛像两旁侍从像，宋风十足，背面像则略次。”[4]（图3-16）

仔细品味广胜寺上下二寺现有精美劲逸的元塑作品，从其形体塑造和衣饰线条中体会那种洒脱、雄浑、厚重、挺拔的造型特征和艺术情趣，虽然朱好古门派的精美壁画已流落异乡，但这些精彩的元塑作品，其神采风韵与永乐宫壁画有异曲同工之妙，体会对比二者间的微妙关系，那么晋南元代壁画与泥塑的艺术气质定会了然于胸。

三 晋中艺术古迹

以省会太原地区为主的山西中部同样拥有相当丰富精彩的艺术古迹。这些艺术古迹不仅具有深厚的历史文化价值，更具有不可估量的艺术价值。在晋中拥有的这些历五代、宋、金、元、明、清的木构古建中保存有大量完好精美的泥塑作品，并且还拥有山西境内的唐代石窟天龙山艺术瑰宝。这里要澄清一个概念：本书旨在介绍中国古代造型艺术史上具有高度艺术水平格调的代表性石刻泥塑，壁画碑刻以及具有古朴雄健、豪劲醇和造型审美价值的唐、五代、辽、金、宋、元古建原构。故诸如平遥古城民居建筑和王、乔、曹、常等明清时期的民间大院，因其精巧有余，较为俗丽的审美趣味被视为普通热点旅游景点，不在本书讨论之列。

对于眼光独道的艺术爱好者而言，与汾阳杏花村比邻而居的太符观、灵石王家大院近在咫尺的资寿寺，却是山西典型民俗景点因名气压倒真正国家级艺术珍品的例子，而与平遥古城相距不远的镇国寺与双林寺也是不可多得的艺术宝藏。同样，太原地区还有宋代晋祠、唐代天龙山石窟为代表的唐宋时期建筑石刻泥塑古迹遗珍，更不用说太原市区内的山西省博物院、纯阳宫、文庙等高精艺术珍品云集的古雅佳境，下面将一一领略晋中艺术古迹之风采。

（一）汾阳太符观及文水则天庙（金构、金塑、金壁画、唐石狮）

在我国寺观造像美术史中，一些很有名气的寺观造像因为特殊的历史原因，虽说其造型艺术语言本体水准平平，却频频见诸相关美术文献，博得的声誉远远超出自身的艺术价值。同为彩塑侍女像，太符观正殿昊天殿里保存得极为完好的金代彩塑原作堪称宋金时期的巅峰之作，其出神入化的艺术神采和晋祠著名的圣母殿彩塑侍女像相比可谓高下立判，故本章首先力荐的正是汾阳太符观金塑作品。

在中国美术史中知名度很低的太符观道教造像，甚至未能收编入《中国寺观雕塑全集》的宋辽金卷，实在非常遗憾。太符观位于汾阳著名的杏花村正东一公里处。作为道教庙宇，它拥有由山门、正殿、东西配殿组成的高品位金代古建筑群体，其引以为傲的金代彩塑、壁画不仅艺术水准高超，且保存相当完善，并未经后世重妆，实为非常罕见、原汁原味的宋金时期孤品，颇有晋城玉皇庙元代彩塑绝品那样超凡脱俗的造型艺术境界。除此之外，太符观东西配殿内还有工艺精湛的明代彩塑及悬塑，院落内也陈列有不少高古造像碑碣，其不仅包含了丰富的道教内容，同时更是中国寺观造型艺术最杰出的美术作品典藏。（图 3-17）

3-17

3-18

太符观正殿为昊天玉皇殿，始建于金承安五年（1200 年），这座单檐歇山顶金构大殿由玉皇大帝及侍女、侍臣像七尊彩塑和三壁用笔生动、挥洒劲逸的《朝元图》壁画构成，且正殿大门左右两侧墙壁上还绘有勇武威严的天王画像，堪称太符观古建群体的造型精华所在。

正殿里的一主六从塑像均为气息古雅、形神兼备的金代顶级写实彩塑，但玉皇大帝两侧的侍女彩塑在整组造像中无疑技高一筹，在造型艺术语言表现上，真正达到了形妙神合、形具而神生的境界。在造型处理上，这两尊侍女像容貌表现美而不丽，眉目五官明媚沉静，举手投足间温婉而庄重，衣纹头饰疏简有度，设色以黑、红、灰白、灰绿为主调，从整体上看，无论是大的形态比例把握，还是五官手势的拿捏，既是对现实中真实人物的拟真再现，又是对道教仙人心象之理的艺术呈现，此等既高度概括又不失精准细节表现的以形写神之作，不仅暗含了北宋文学家王安石提出的“丹青最难写精神”的艺术表现高度，同时也有力地佐证了我国传统寺观造像在宋、辽、金、元时期在再现写实的造型艺术领域取得的比肩西方文艺复兴雕塑巨匠的不朽成就，而这也正是传统美术史研究所忽略的方向和角度。正视此类非著名的寺观写实作品所达到的高度艺术成就，不只是令人振奋的发现，更是重新评定其真正价值的学术开端。（图 3-18、图 3-19）

3–17
太符观昊天玉皇殿天女像
彩塑 高约2米 金 摄影／刘晓曦

3–18
太符观昊天玉皇殿天女头像
彩塑 金 摄影／刘晓曦

3–19
太符观昊天玉皇殿天女像
彩塑 高约2米 金 摄影／刘晓曦

值得一提的是，正殿内还存有一尊高 1 米左右的仙官塑像，也是气质威严古雅，应是建殿同期的遗物。其造型比例精严，神态栩栩如生，颇有以小见大的气势。此外还有 8 尊同一出处的塑像陈列在山西省博物馆的土木华章馆内，参观时切莫错过如此金代彩塑神品。

如果说正殿内的彩塑堪称中国传统写实造像的巅峰之作，那四面墙上与南宋为同期的数百仙官武将的生动壁画，同样是传统道教壁画最珍贵的遗存。这些深具南宋同期审美气质的金代壁画，虽然绘画造型技巧的完善程度尚不及元代朱好古门派那样富丽严密，也不及高平开化寺北宋壁画那样遒劲雄健，但这分为上下几层的三百六十五日神君“朝元图”壁画，却是下笔轻松率真，造型去繁就简，神态各异，设色单纯明快，于古雅的色调和简明的造型中传达出了类似梁楷禅僧“墨戏”般的洒脱意境，实与宋画中人物表现有异曲同工之妙。（图 3–20）

正殿之外的东西配殿也有保存完好的明代彩塑和悬塑，西配殿的题材为五岳四渎供奉，东配殿则供奉后土女神，这些传统民俗题材造像造型手法娴熟，布局虚实相间，气氛热烈欢快，呈现典型的明代世俗浮丽审美，在艺术水准上尚逊明代双林寺、观音堂不少，但仍属明代彩塑佳品。

太符观古雅庄重的山门建筑也具有很高的审美价值。山门由并列在一起的一大两小三组牌坊组成，两侧附“八”字墙，整个山门几组牌坊屋檐举折平缓，虽小而庄严，形制上保留了典型的宋金屋檐气韵，其上的琉璃鸱吻和垂兽均为明清上佳之作，尤其是正门外墙双嵌三彩琉璃“二龙戏珠”图案，龙体雕造富丽劲健，身姿灵动，琉璃色调协调，色彩热烈沉稳，实属明代琉璃造型艺术中格调最为上乘的珍品。

探访完杏花村太符观这处令人惊叹的传统艺术宝库，不容错过的还有离此地二十

3–20 太符观昊天玉皇殿壁画仙官局部

金 摄影／刘晓曦

3-21
文水则天庙石狮
石雕 高约4米 唐 摄影／刘晓曦

3-22
文水则天庙石刻猎豹纹
唐 摄影／刘晓曦

3-21

3-22

多公里处的文水县则天圣母庙。其建筑群落里至今遗存有一对体型巨大、艺术水准极高的盛唐石狮原物，实为国内罕见。

则天庙位于文水县城北 5 公里南徐村，始建于唐，金皇统五年（1145 年）重建，现存仅有则天圣母殿为金代原构，形制雄健庄重，为金代建筑上品，可惜已无彩塑壁画，万幸的是建庙初期的那对威武雄劲的巨型盛唐石狮被保存下来，成为则天庙引以为傲的镇庙之宝。（图 3–21）

从形制规格上看，则天庙这对石狮和西安乾陵的蹲狮造像同为唐代帝陵最高规格，均是由体量巨大的玄武岩整体雕造而成，相较而言唐乾陵、桥陵等处神道的蹲狮更显粗壮富丽的整体造型，而则天庙石狮不仅在高度上超过前者，其整体造型处理上更偏重劲瘦风格的追求。如果说乾陵、桥陵的蹲狮在气质上更具华丽装饰的格调，那则天庙的唐狮造型则是追求雄劲质朴的神采，且更远离程式化的造型模式而独具一格，实为另一处名气和艺术价值成反比的非著名传统造型艺术珍品。

通常殿堂神道石狮均面朝外而立，不知为何则天庙石狮却面朝乐楼内向而立，这可能是在南徐村出土后的误放。这对盛唐巨狮除了狮身的雕刻艺术造诣高妙，其底座上的唐代线刻同样是那个时代的最高水准。由祥云、飞禽和猎豹线刻组成的底座纹饰，一方面在造型语言上体现了唐代雍容富丽、游刃有余的绘画神采，而非本土动物的猎豹题材表现，正好佐证了开放的唐朝和西域艺术母题相互交融的实例，而这对巨狮整体特征上更具中亚萨珊同类题材的造型风格，且刀法精劲娴熟，体现出超越乾陵、桥陵同类作品的更高艺术水平。（图 3–22）

（二）双林寺及镇国寺（宋、元、明塑，五代塑、五代构）

山西是中国古代寺观建筑遗存最多，建筑内原配泥塑、壁画保存最完好的地区，并且最精彩、最有艺术价值的泥塑、壁画作品往往遗存在上至唐、五代，下至辽金宋元时期的古建之内。而现存主体建筑均为明清重建的双林寺，却是中国明代雕塑极为精美、类型极为多样的佛寺。尤其是寺内近两千余尊保存完好的明代泥塑极品，简直称得上明代最佳雕塑陈列馆，因而其也在中国雕塑史上占有非常重要的地位。

双林寺位于平遥县城西南6公里的桥头村北侧，古朴清雅，游人罕至。在艺术界非常有名的韦驮像和千手观音像，算得上是双林寺的名片。参观双林寺内众多精妙绝伦的古代雕塑杰作，不仅要注意观察韦驮像这样的名作，更要从这些又多又好、让人眼花缭乱的艺术珍品中找出造型艺术的风格演变特征，以体会不同时代的艺术审美风采。

总体来看，双林寺的泥塑作品有三个不同历史年代的代表性杰作，为造型艺术研究提供了难得的比较学习机会。通常在双林寺雕塑作品的介绍中，重点是那些数量众多、塑造精美的大小明代彩塑。的确，双林寺的明塑代表了明代造型艺术的最高水平，但并不能因此而忽略在造型表现手法上更为雄浑、审美格调更加超然大度的宋元作品。首先要注意双林寺仅有的4尊大型元塑，这4尊金刚力士像位于天王殿门廊内，高度超过3米，造型雄健威武，表情生动夸张又极具个性，远非很多明清时期天王像那样横眉怒目的程式化凶相。这四大金刚泥塑巨像，虽说是无声的雕塑，却让人强烈地听到那如雷的断喝！似万鼓齐鸣，振聋发聩；如千军压顶，步步生威。这种雄强威武的气度与方中有圆的整体把握，正是元塑风格所独具的那种质朴超然的艺术特征。（图3–23）

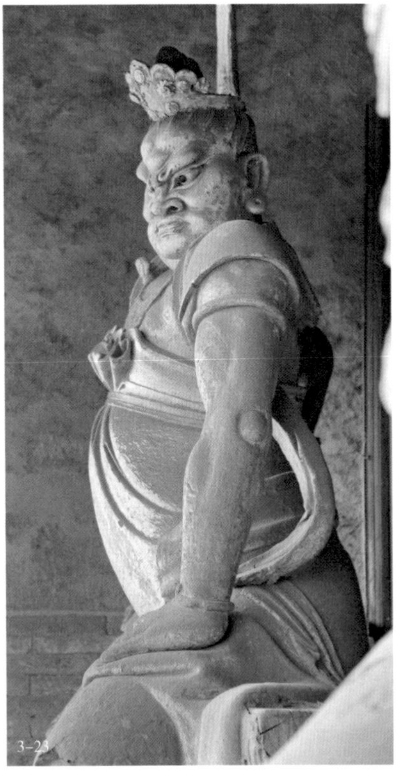
3–23

3–23 双林寺天王像
彩塑 高约3米 元 摄影/刘晓曦

如果真正要从造型技巧的完美表达和

3–24

3–24 双林寺罗汉殿群像 彩塑 高约2米 明 摄影／刘晓曦

审美品格的沉浑含蓄境界来看，以往最受称道的高度写实明塑韦驮像，并不一定是双林寺最有品格的写实作品。笔者认为双林寺内两厢罗汉殿的十八尊宋塑罗汉，才是代表双林寺塑像中最高艺术水准的写实造像。（图 3–24）

这些从宋代完好无缺保存到今天的泥塑，每尊塑像形态各异，性格鲜明，雕塑手法大气简约，衣饰处理沉浑劲圆，细节表现精准而含蓄。难能可贵的是，宋代匠师们并没有把众罗汉表现成冷漠严肃的神仙，而是把他们的内心世界和迥异个性表露无遗，非常具有生活气息和艺术感染力。（图 3–25）

双林寺的韦驮像肯定是中国明代塑像中最出类拔萃的写实神品，韦驮像的艺术成就之所以高超，主要并不是它那非常写实的比例动态和精巧繁复的细节刻画，虽然，这也是造型技巧高超的完美体现。韦驮像最重要的艺术成就在于静态造型中表现出了运动的意蕴，正如法国雕塑大师罗丹所说：“所谓运动，是从一个姿态到另一个姿态的转变……”[5]（图 3–26）

在以明代彩塑为大宗的双林寺里，精美动人的明塑作品不可胜数，诸如菩萨殿内的千手观音，天王殿内尊尊堪称神品的菩萨天王塑像，以及释迦殿、千佛殿等四周满布的壁塑，均为双林寺不可多得的明塑杰作。（图 3–27、图 3–28）

3-25
双林寺罗汉阿氏多像
彩塑 高约2米 宋 摄影/刘晓曦

3-26

双林寺韦陀像

彩塑 高约1.5米 明 摄影/刘晓曦

研究古代造型艺术要注意多对比不同时代的技巧风格和审美格调上的不同变化，并仔细品味其不同的审美意蕴与时代气息。比如罗汉殿内质朴劲逸、沉浑古雅的宋塑与审美趣味上更趋市井化的琳琅满目、精丽纤巧的明塑作品，是不难把握其艺术神采之高下的。不同时代有不同的审美风尚。从晋唐到两宋，从宋元到明清，中国古代造型艺术的审美格调，遵循着从魏晋朴拙古雅到隋唐华丽雍容，再到两宋典雅醇和，蒙元劲逸散淡至后来明代精丽纤巧，到最后清代僵化呆滞的发展历程。

双林寺的明代彩塑表现出无比高超的塑造技巧和极为精美细腻的视觉艺术效果，但这些总体审美上具有市井消费审美倾向、情调柔美的泥塑作品，在艺术审美气度和品位格调上与宋元时期作品有不可否认的时代距离。同样是高度写实的天王武将造像，以安岳毗卢洞天王像和双林寺韦驮像一相比较，个中气度品格差异，不言自明。

在著名的平遥古城，双林寺精妙的泥塑作品已经给来访者带来了精彩纷呈的视觉盛宴，而平遥县城东北15公里处的镇国寺，则会让人有更加超乎想象的艺术享受。

从907年唐朝灭亡，至960年北宋立国，中国北方的封建割据政权相继建立了后

3-27
双林寺悬塑菩萨群像
彩塑 单尊身高0.4米 明 摄影／刘晓曦

3-28
双林寺胁侍菩萨像
彩塑 高约 2.6 米 明 摄影 / 刘晓曦

梁、后唐、后晋、后汉、后周五代政权，在其间 53 年里，政权更迭频繁，战火纷飞，按理难有那个时代的宏伟寺观建筑保存至今，仅五代时期的建筑已保存不易，更何况其中的泥像彩塑。然而，正是在距双林寺东北不远的郝洞村镇国寺万佛殿，不仅完美地保存了五代木构原殿，并侥幸保存下来 11 尊五代彩塑，这种不可思议的例子，在中原地区绝无仅有。

镇国寺内的万佛殿，据殿内梁架上的墨书题记佐证，为北汉天会七年（963 年）修建，殿内的彩塑为同期原配作品。这个时期虽然相当于北宋初年，但这些罕见的泥塑作品却鲜有宋塑特征，而更接近于唐塑。（图 3-29）

镇国寺万佛殿内这 11 尊高大的五代泥塑，保存相当完好，色彩典雅绮丽，造型

3–29

镇国寺万佛殿左侧天王及菩萨

泥塑 高约2.5米 五代 摄影／刘晓曦

这些无比珍贵的泥塑作品，为我们今天研究中国古代雕塑作品如何从日渐写实的唐代风格向更加典雅自然的宋代具象高峰演变，提供了非常珍贵的历史证据。

雍容质朴，颇具唐风古意。左右两尊金刚天王像极为出彩，均手持降魔杵，一腿直立，另一腿微曲前踏，身姿体态造型以静制动，深有唐意。尤其是二金刚天王那种不怒自威的精妙气质，堪称历代天王像神品。（图 3–30）

而万佛殿内其他 9 尊泥塑，为一佛二天王二弟子二菩萨二供养的造型形制，在表现技法上总体继承并发扬了中晚唐周昉“周家样”的秀雅绮丽风格，形体塑造优雅精细，色彩典雅绮丽，把佛国天尊的神采气息表现得惟妙惟肖。（图 3–31 ）

除了这 11 尊重量级的五代泥塑，万佛殿背后的佛母殿也有相当出色的明塑作品值得一看。而万佛殿作为中国古代建筑史上具有非凡造型艺术价值的五代木构典范，也是学习古代造型艺术绕不过的宝贵教材。从广义上讲，绘画、雕塑、书法、建筑等均可视为不同

3–30

镇国寺万佛殿右侧天王立像

泥塑 高约 2.5 米 五代 摄影／刘晓曦

这尊金刚天王气势勇武有力，骨骼雄健，服饰古雅，神情泰然，较敦煌 45 窟唐塑金刚那种怒目圆睁的凶煞神态和夸张意象的动态，表现出更高的造型艺术水准和微妙含蓄的个性气质。

3–31
镇国寺万佛殿胁侍菩萨
泥塑 高约 2.5 米 五代 摄影 / 刘晓曦

值得注意的是诸菩萨弟子的体态塑造不像典型唐塑那样丰腴雍容而是略显圆润苗条，有从以肥为美的唐风向宋塑那种更自然典雅的写实形体演变之倾向，这种造型风格上具有承上启下过渡的表现，正是艺术考察中最值得观摩的典型范例。

形式的造型艺术。古建筑艺术同样具备时代审美气息，同样不乏形体结构的穿插变化，木结构的斗拱梁架及墙柱，脊檐和鸱吻垂兽的造型与组合，同样是不同审美诉求的具体表达。

在世界文化遗产委员会对平遥古城的界定中，有“一城、二寺”之说。其中一寺指以明塑闻名的双林寺，另一寺便是中国古建遗存中略晚于唐代南禅寺、佛光寺的镇国寺，这名列三甲的古代木构建筑珍品，再加上其内拥有的五代泥塑杰作，和双林寺一起，成为平遥古城里珠联璧合的艺术奇珍。

（三）资寿寺（明塑、明构）

如果说双林寺的泥塑作品代表了明代佛教造型艺术的最高境界，并且以造型精美生动和丰富多彩的表现形式而著称，那鲜为人知的灵石资寿寺里的明塑作品则在另一种气质的艺术表现上达到了同样的高度。（图 3–32）

灵石县的王家大院是游人尽知的旅游名胜，而距王家大院几公里的苏溪村西侧的资寿寺，则是艺术家心中的圣地。资寿寺又名苏溪寺，该寺也为山西境内名气不大但却拥有很高艺术水准作品的明代古建筑群落。在多座大殿里共有塑像 90 尊，但要数罗汉殿里的十八罗汉造型水准最高，是罕有的观摩学习的艺术佳作。（图 3–33）

这些罗汉塑像风格一反双林寺精致秀润的世俗化审美倾向，在人物的性格特征、精神气质和塑造手法上呈现出一种明塑少有的古怪野逸、雄劲简练之气。众罗汉造型或清秀，或灵异，或狂野，或孤僻。明代的塑匠们在这些本土化的罗汉面貌特征和个性气质上尽情发挥了自己丰富的想象力和独具天赋的艺术表现力。如这尊乍看完全是一个地道日本武士发型与性格特质的罗汉塑像，造型生动简练，表情狂野坚毅，塑造手法流畅写实，活脱脱是一个日本武士的传神写照，令人匪夷所思，拍案叫绝。（图 3–34）

3–32

3–33

3–32
资寿寺罗汉群像
彩塑 高约 2 米 明 摄影 / 刘晓曦

3–33
资寿寺罗汉像
彩塑 高约 2 米 明 摄影 / 刘晓曦

3–34
资寿寺罗汉头像
彩塑 明 摄影 / 刘晓曦

3-34

3–35

力士像

石雕 高约1米 盛唐

山西省博物馆院藏 摄影／刘晓曦

（四）山西省博物院及周边古迹

太原市作为山西省省会，算得上北方地区一个现代化的大型都市。晋阳、并州均是春秋战国、秦汉时期太原的旧称。正因为太原在历史上的辉煌地位，仅太原市区就有相当多具有很高艺术价值的历史文化古迹，然而，包括多福寺在内的明代神品彩塑至今依然鲜为专业艺术家所知。考察山西的古代造型艺术，就不能错过太原这些同样令人叫绝的古代艺术杰作。

首先最值得参观的当然是山西省博物院。这座于2004年落成的新馆，外观古朴大方，简洁典雅，犹如一巨大的青铜方尊，其深厚的历史文化意蕴，不言自明。特别是那些历北魏、唐、宋、元、明的古代石雕、泥塑、木雕造像佳品，和关于木构古建艺术、壁画琉璃艺术的详细资讯分布介绍，令人有相见恨晚之感。可以说在历代宗教造像和古建筑艺术遗存的实物藏品和翔实的介绍上，全国所有博物馆在同类收藏品中无有出其右者。（图3–35）

山西省博物院佛像馆收藏有众多精美珍贵的造像碑。石刻、木雕、泥塑造像，数量之多，保存之好，艺术水平之高，令人目不暇接，流连忘返。这里选

3–36

3–37

3–36
迦叶立像
石雕 佛光寺旧藏 高约0.6米 晚唐
山西省博物院藏 摄影／刘晓曦

3–37
阿难立像
石雕 佛光寺旧藏 高约0.6米 晚唐
山西省博物院藏 摄影／刘晓曦

尤为有意思的是，年青的阿难像神态气韵简直和敦煌莫高窟45窟盛唐彩塑中的阿难像如出一辙，令人称奇，不愧为伟大唐代遗构佛光寺最精彩的石刻造像遗存。

取几例极有特色、造型水准特高的唐代石雕作品简要介绍，由此管中窥豹，可见一斑。

如2002年出土于佛光寺旁古竹林寺遗址中的汉白玉菩萨造像，呈典型的盛唐天龙山风格造型，残高为1.5米左右，似与真人等大。虽头足俱损不存，但体态依然婉转动人、婀娜多姿，表现出盛唐特有的雍容华丽之态。

另外两尊不大的汉白玉雕阿难、迦叶二弟子像也是“丹青最难写精神”的极品。这两尊出自佛光寺旧藏的小型石雕作品，代表了另一种简约写实风格的最高水准。这种用极其到位的简练手法雕刻出老少不同年龄性格的人物神态，其造型之整体，雕刻之精准，简直可赞为以少胜多的艺术表现典范。（图3–36、图3–37）

佛像馆还有很多相当精彩的历代寺观造像藏品，均各具特色且精美动人，在此不再一一赘述，留待观者自己仔细体会。（图3–38）

纯阳宫是太原市内另外一处不可错过的古代造型艺术珍品云集的宝库。这个正式名称为“山西省艺术博物馆”的地方曾为山西省博物院分部，馆内收藏有大量金石碑刻、石刻造像和其他艺术文物，尤其是有多尊北齐、北周时的石雕巨像，均是罕见的稚拙古朴的北朝珍品，有很高的艺术欣赏价值。纯阳宫其实就位于繁华闹市五一广场中心街边，是喧哗都市中别有洞天的清静雅赏佳处。

而离五一广场不远的文庙和崇善寺，也是市区内相当有文化艺术价值的古代遗迹，

3–38

3–39

3-38
南海观音像
彩塑 高约 1.8 米 元 山西省博物院藏 摄影 / 刘晓曦

3-39
崇善寺十一面观音像
彩塑 高约 10 米 明 摄影 / 刘晓曦

3-40
多福寺胁侍菩萨立像
彩塑 高约 2.6 米 明 摄影 / 刘晓曦

3-40

里面也珍藏有大量历代石雕造像和碑刻，其中不乏精品。其实现在称为“山西省民俗博物馆”的文庙也就是在明代崇善寺的前部废墟遗址上重建的博物馆。而就在旁边的崇善寺规模也只及原来的几十分之一。在闹中取静、古色古香的崇善寺里，明代大雄宝殿内有三尊 10 米高的明代泥塑巨作，分别为十一面千手观音、文殊和普贤像，均为罕见的顶级明代皇家贴金彩塑极品。（图 3-39）

此外，太原市北郊崛围山多福寺和市区内的双塔寺、碑林公园，均是相当有价值的艺术古迹。这几处重要古迹遗存有精彩的明代双塔和历代著名书法大家的碑碣石刻，尤其是多福寺大雄宝殿里的明代胁侍菩萨和天王彩塑，是无上的明代彩塑神品，目前虽然默默无闻，但其代表了中国古代寺观写实造像的高超水准。（图 3-40）

（五）晋祠及天龙山石窟（唐窟、宋塑、宋构、金构）

晋祠是太原最著名的古代园林艺术与宗祠建筑相结合的历史文化古迹，其非常具有代表性的宋代木构古建和宋元时期的泥塑杰作更是艺术考察中重要的观摩对象，也是山西古建筑艺术系统的一个完美范例。

晋祠始建于北魏，曾是西周武王次子、晋国开国君主姬虞的祠堂。现存最古建筑圣母殿为北宋天圣年间重建后的遗存。

圣母殿内的43尊宋塑在中国古代雕塑史上占有很高的地位，但客观地看，这些在造型技巧与审美气度上更显文人画艺术审美倾向的泥塑作品，其婉约清逸的风格并不具备典型宋塑所特有的醇和典雅、沉浑劲圆的造型审美特点，在雕塑技巧上也不够简练到位，气质上较文弱，虽然也非常具有文人审美气质的雅逸传神之态，但观摩这种名气很大的作品，要尝试用独立的眼光去观察与体会不同时期代表性作品的风格特征与审美差异，并做出自己的艺术判断。

真正具有高超宋塑气度神采的作品其实是位于圣母殿门廊内南侧高达4米的站殿将军塑像。这尊威武雄健的塑像相传为周武王的大将，名为方弼，为宋代原作。而北侧名为方相的塑像，则是1950年补塑，但宋风犹存。这两尊气势非凡的武将塑像和圣母殿雄劲醇和的斗拱飞檐完美搭配，相得益彰，宋代造型艺术的风采神韵尽显无疑。（图3-41）

除了圣母殿精彩的宋塑，在旁边右侧不远的关帝庙内，还有多尊艺术水平精严的元塑作品。这些体现了典型元塑风格的泥塑作品，造型大方，体态生动自然，五官衣饰刻画精严流畅，和洪洞广胜寺下寺水神庙的元代作品有异曲同工之妙，不可错过。

位于圣母殿前的鱼沼飞梁和献殿，均是建筑形制和构造相当典型的古代建筑艺术杰作。比如鱼沼飞梁，因古人称圆形为池，方形为沼，且水中多

3-41
晋祠圣母殿站殿将军方弼像
泥塑 高约4米 宋 摄影／刘晓曦
这尊大像气势非凡，造型雄浑磊落，衣饰细节刻画劲逸流畅，面部表情沉稳、威严，在客观写实中透露出威武磅礴的意象神采。

3-42 天龙山菩萨头像
石雕 尺寸不详 盛唐 大都会艺术博物馆藏 摄影/曹敬平
盗凿使许多最精彩的整体造像和局部雕刻流落海外，据统计有150件之多，已经查证确认出自天龙山的有近50件，这些中国石窟造像史上的珍贵作品，如今只能远涉重洋才能一睹其芳容。

鱼，故名。沼上有座十字形桥梁，由水池中34根八角形石柱及斗拱支撑，形制奇特，结构精美，梁思成先生对此桥评价很高："在古画中偶见，实物仅此孤例。"[6]而对献殿金代建筑九脊三间布局，不筑墙壁，如凉亭然的建筑风格则赞誉道："颇为灵巧豪放。"[7]对于这样富有高度古代建筑造型风格特征的珍贵遗物，也值得细细品味。

参观完具有园林般美景的晋祠，接下来该谈及晋祠身后13.5公里处著名的天龙山石窟。天龙山目前遗存下来的洞窟造像均在民国时期被国内不法收藏者盗窃破坏严重，但西峰第9窟近年来重修木构漫山阁内的四尊唐代大型石刻造像大体保存完好，堪称国内顶级的唐代造像遗存。

天龙山石窟是山西省除云冈石窟外最负盛名的石窟宝库，最开始凿于东魏年间，因大丞相高欢在天龙山修避暑行宫，开凿石窟，拉开了天龙山佛教造像艺术史的序幕。隋唐统治者相继也在天龙山开凿大批石窟，并在盛唐时达到极盛。（图3-42）

3-43

3–43 天龙山菩萨像

石雕 高约 1.6 米 唐 东京国立博物馆藏 摄影 / 刘晓曦

3–44 修复前的天龙山 9 号窟观音立像

石雕 高约 6 米 盛唐

图像引自山西省博物馆

该造像既有印度艺术原型的婀娜多姿，又深具中国传统雕刻的线条和审美意蕴，尤其是该盛唐造像雍容华贵、体态丰腴、姿态妩媚、造型典雅动人，在石窟艺术史中称为『天龙山样式』。

天龙山上从东魏经北齐至隋唐的诸多石窟造像，本来均是中国石窟造像艺术中不可多得的精品，但在 20 世纪二三十年代，天龙山石窟和邯郸响堂山石窟一样，是当时被人为偷盗破坏最严重的石窟宝库。（图 3–43）

天龙山现存石窟造像，尤其是从东魏到隋，大多残缺不堪，唯有西峰第 9 窟漫山阁内因体量宏大而幸存下来的盛唐石刻造像，成为体会唐韵天龙山的宝贵遗珍。（图 3–44）

此洞窟分上下两层，上层唐代弥勒巨像高 8 米，雕刻端庄饱满，体态雍容，弯眉突眼，开脸很有特点。虽身着唐代“冕服”，但裸露部分较多，突出地表现了佛祖丰满圆浑的体态，只可惜重盖的楼阁遮掩而不易欣赏。现在只能仰视参观的是下层高约 6 米的三尊菩萨像，中间为十一面观音，左侧骑狮像为文殊，右侧骑象者为普贤。

漫山阁内这四尊唐代石刻大作，除上层弥勒像基本完好外，下层三尊菩萨头像均已被盗海外，现在的三尊头像为近代补塑，颇为遗憾。不过就是仅存的三尊身躯和两头瑞兽的雕造，已足以显示盛唐作品独有的造型风范和神采气度。以十一面观音为例，整体身躯造型宽肩细腰、窄臀长腿，体态自然修长且姿态婀娜，体现了一种典型的中国式超越性暗示的妩媚动人。在衣饰线条瓔珞臂钏细节的雕刻手法上精劲古朴，既有曹衣出水般的轻盈，又极具骨法用笔的劲拙，这种高度写实技巧之上的华丽典雅唐风，不愧为“天龙山样式”之典范。体会最强盛唐艺术之音，舍天龙山其谁。

四 晋北艺术古迹

在山西，如果说晋中、晋南及晋东南的主要艺术古迹，如古建、壁画、泥塑均以宋、元、明时期为大宗，而唐及更早的北朝石窟造像仅有天龙山石窟等少数作品存世，且南部范围的两座唐代古建均为民居式佛殿，规格不高，也无同期雕塑壁画传世，而晋北艺术古迹最大的特色就是拥有最好的唐代古建筑艺术系统和辽金古建巨构艺术系统完美存世。

晋北地区不仅拥有驰名世界的北魏云冈石窟，更拥有上至中晚唐下至辽金的众多古建佛寺巨构，在这些极其珍贵的古代木构佛殿里，蕴藏着数量众多、保存完好、艺术水准精美绝伦、令人震惊的泥塑壁画作品。但这些大量在艺术造型审美价值上足以傲视国内其他同时代代表性作品的唐、辽金艺术杰作，在我们的美术史教科书和艺术史里的地位是那么无足轻重和被忽视，恰恰与其真正的艺术价值形成强烈的反差。对晋北地区伟大的艺术遗存进行仔细客观的考察，有助于重新独立审视其不可估量的艺术价值。

晋北古代艺术资源里最重要的组成部分就是辽金时期古建巨刹里那些艺术水平极其高超的泥塑壁画作品，甚至就是这些罕见的木构建筑本身！在具体介绍这些辽金时代无比灿烂辉煌的艺术杰作之前，如果不稍微了解一下辽金时期历史文化背景概况，便无法理解辽金时期何以能产生并保存下来这些令人惊异的杰作。

在中国正统文化长期的主流意识里，普通人但凡提及辽金，第一印象不外乎就是两个先后排名的北方游牧部落政权，加之杨家将、岳飞传里文学故事的渲染，可能大部分国人对辽金军事侵略两宋不抱好感，但其实这是一种相当片面的理解。历史上辽金在和两宋厮杀征战时，也积极吸收中原汉人的文化、艺术和政治、经济、技术精华，并把更多继承于唐风的文化艺术风格融合到其创造的艺术作品中去，从而产生了如应县佛宫寺释迦塔、天津蓟县独乐寺、义县奉国寺、朔州崇福寺这样的古建巨构，并在这些雄伟木构建筑里诞生了同样精妙绝伦的泥塑和壁画作品。如果大家还不太了解这些辽金巨构里的艺术杰作，那么从宝山辽墓出土的辽代墓葬壁画里体现的地道唐风和收藏在台北故宫博物院内的辽代名画《丹枫呦鹿图》等传世卷轴名作，足以证明中国历史上的北方游牧政权在立国后大力弘扬并吸收中原汉族文化艺术传统，并把这种多文化传统融合以后产生的艺术推向一个全新的高度。

3-45
《明妃出塞图》局部
金 宫素然 纵30.2厘米 横160.2厘米 大阪市立美术馆藏
图像引自北京大学出版社2010版上海博物馆编
《细读丛书·千年丹青：细读中日藏唐宋元绘画珍品》第259页

辽国是由北方游牧民族契丹所建立的政权，自916年耶律阿保机先于北宋立国，到1125年被金所灭，不算后来的西辽政权，也历时210年。刚建国时号大契丹，947年辽太宗耶律德光攻下开封后，改国号为“大辽”，有炫耀疆土辽阔之意，但习惯上人们称之为“辽”。辽太宗为了治理国内大量的汉族及其他少数民族，推行了“以国制治契丹，以汉制待汉人”的一国两制政策，使国力逐步增强，并使版图内的各民族对辽产生较强的认同感。辽国鼎盛时期疆域估计为450万平方公里，人口600万，军队近30万。

而金自1125年灭辽后至1234年被蒙元所灭的110年间，也在政治、经济、文化方面继承、效仿辽制与汉制，并且在12世纪中后期金世宗时开始和南宋讲和，国内安定，经济文化也向汉化发展，并且在掳来的南方汉人工匠、文人的影响及帮助下，创造了许多高水平的艺术佳品和宗教造像作品，现收藏于大阪市立美术馆的金代宫素然《明妃出塞图》和收藏在台北故宫博物院的金代武元直《赤壁图》，均是金代杰出的绘画作品，而古建巨构如朔州崇佛寺、佛光寺文殊殿及五台山岩山寺的泥塑壁画更是不可多得的金代艺术珍品。历史上，辽金时期两国皇室均崇敬佛法，常以国家之力兴建宏伟佛寺，大同的华严寺、善化寺，义县的奉国寺等均是辽金皇家寺庙，所以今天山西、河北、辽宁的重要佛寺遗存，均为辽金巨构，并成为我国重要的文化艺术遗产。（图3-45）

下面，让我们在晋北这些古代木构巨刹里，一一观摩体会历唐、五代至辽金时期的精彩泥塑和壁画杰作。

（一）

佛光寺、南禅寺、洪福寺（唐构、唐塑、金塑）

佛光寺坐落在五台县城东 25 公里的佛光新村。寺庙创建于北魏，隋唐时处于鼎盛，为五台名刹。其名声卓著，甚至在敦煌 61 窟壁画里也以显赫的位置绘出“大佛光寺”之图，正是典籍与敦煌壁画的提醒，让古建专家梁思成夫妇于 1937 年找到并发现了伟大的唐代木构建筑佛光寺。

重建于唐大中十一年（857 年）的佛光寺东大殿是唐武宗李炎会昌灭法（845 年）之后完整保存至今最宏伟壮观、年代上仅晚于南禅寺的中国最古老木构建筑。姑且不去谈它在建筑史和文化史上的价值和意义，仅就佛光寺建筑构造本身所具有的唐代形式气息美感和东大殿内的唐塑、拱眼壁画和梁架书法题记这唐代艺术四绝来看，其体现的高水平艺术活化石般的物证和原汁原叶的唐风遗韵，是连敦煌唐代顶级洞窟也难以企及的艺术典范。（图 3–46）

东大殿内宽大的佛坛上完整保存了一组共计 37 尊的富丽堂皇的佛像泥塑，为唐代原作，但均被后世修补妆彩。仅从数量上看，国内包括敦煌在内的唐代泥塑总共 70 余尊，但山西就独占近 60 尊，除佛光寺 37 尊外，南禅寺现存 14 尊，晋城青莲寺可以肯定的有 6 尊，另有 5 尊是否为唐代所塑还有争议。仅佛光寺一殿之唐塑，数量几乎就有敦煌莫高窟两倍之多，其独具的更倾向于自然写实的晚唐风格，和敦煌初、盛、中唐彩塑一起，才能更丰富全面地体现唐代雕塑的艺术风貌，只可惜这些极富晚唐风韵的泥塑，经晚清民国和后来极不专业的重妆维修，正如梁思成先生在《佛像的历史》一书中的评价：“色彩过于鲜缦，辉映刺目，失去醇和古厚之美。所幸原型纹褶改动很少，相貌线条，还没有完全失掉原塑的趣味特征。”[8]（图 3–47、图 3–48）

3–46

3–46 佛光寺东大殿琉璃鸱吻 元 / 明 摄影 / 刘晓曦

顺便提一句，如果东大殿内这些唐代佛像菩萨因艳丽的色彩而令人视觉不悦，那么山西省博物院的那 3 尊佛光寺旧藏的石雕佛像，其

3-47
佛光寺东大殿佛坛群像
泥塑 尺寸不详 857年 摄影 / 刘晓曦

3-48
佛光寺东大殿供养菩萨及胁侍
彩塑 尺寸不详 晚唐 摄影 / 刘晓曦

高超的艺术水准，一定能还原佛光寺这些佛坛上塑像的纯正风采。

东大殿佛坛左右两侧还存有明塑五百罗汉，塑工一般，和佛坛上的唐塑相比，其艺术水平的时代差异，甚为明显。但据梁思成先生考证，当年佛光寺住持高僧愿诚塑像和女施主宁公遇塑像也为唐塑并混在其间，值得注意观察，但客观看这两尊塑像造型风格更接近明塑，值得专家进一步考证。

另外，东大殿佛坛背后一处壁上，有一铺宽 10 米、高 35 厘米的唐代壁画，描绘有天王、神怪等形象，与传为吴道子所作的《送子天王图》惊人的相似，这充分体现了吴道子画派在唐代的广泛影响力。

佛光寺除了东大殿和旁边的北朝古塔外，另外极具艺术价值的建筑就是东大殿高台之下院落北面的金代木构文殊殿里的泥塑和明代壁画，让人在领略完唐代艺术四绝之后，再次享受山西金代古建艺术系统的魅力。

文殊殿为金天会十五年（1137 年）所建，为五台山诸寺中最大的配殿，其整体气势虽无东大殿雄壮深远之气度，但同样古朴劲健，为佛光寺珍贵的古建艺术佳构。文殊殿正中佛坛上同样有一组造型风格写实的高超的金代大型泥塑作品，正中为文殊骑狮像，两旁有菩萨侍立，以及侍从童子。从文殊殿这组堪称金代最高水平的塑像来看，

3-49

3-49
佛光寺文殊殿文殊像
彩塑 主尊高约 3.8 米 金 摄影 / 刘晓曦

3–50
南禅寺大佛殿
782年 摄影／刘晓曦
南禅寺规模不大，为面阔进深均三间的单檐歇山顶木构建筑，但形制壮丽，结构简练，手法古朴，比佛光寺更朴素古雅。

有两点值得注意：其一是其反映了辽金时期高度的艺术成就，其二是反映了辽金时期的艺术作品均自然流露有唐韵之意。（图 3–49）

除了极为精彩的金代泥塑，殿内东、西、北三面墙上还有明宣德四年（1429 年）的五百罗汉壁画。这些壁画罗汉像分上下两层排列，下层罗汉坐于岩石上，上层罗汉立于下层罗汉之后。全壁画面描绘轻松自然，人物神情各异，色彩古朴淡雅，是典型明代壁画风格中又独具散淡气质的上佳之作。

参观完佛光寺，往忻州方向 40 公里左右的东冶镇李家庄，那里有一座年代更早的唐木结构佛殿——南禅寺。南禅寺是我国目前遗存下来最早的唐代建筑，其建于唐德宗建中三年（782 年），距今已有 1200 余年的历史。（图 3–50）

除了古朴雄劲的佛殿形制，最宝贵的莫过于佛坛上的那 14 尊中唐时期的泥塑作品。大殿内原有 17 尊塑像，但最精美的两尊小型供养菩萨和一尊牵狮侍从像于前些年被盗，非常可惜。

同佛光寺东大殿那些晚唐泥塑作品相比，南禅寺唐塑更显典雅醇厚，丰腴端庄。这组泥塑在造型上比例适度协调，虽面部丰满，但体态已不似盛唐那样丰满，显得更柔和自然，表现出向更为写实造型风格过渡的倾向。

南禅寺唐塑从主尊到菩萨，胁侍及天王像塑造均是典型唐代造型风格，和敦煌莫高窟 328 窟、45 窟的唐塑相比毫不逊色。（图 3–51、图 3–52）

领略完佛光寺和南禅寺这两处重要的唐代古建艺术系统之后，五台山外围还有一处金代古建筑洪福寺内遗存有重量级的金代彩塑造像，虽然也是名气不大，但其形制完善，雕塑手法精湛传神，其艺术价值较佛光寺文殊殿内的金代塑像更高一筹。可以说，

3-51
南禅寺释迦像
彩塑 高约 3.6 米 晚唐 摄影／刘晓曦

3-52
南禅寺文殊及胁侍
彩塑 高约 3.5 米 晚唐 摄影／刘晓曦

3-53
洪福寺佛坛彩塑释迦说法
尺寸不详 金 摄影／刘晓曦

3-54
洪福寺普贤像
彩塑 高约 2.6 米 金 摄影／曹敬平

仅五台山外围的金代彩塑上品，也叫人应接不暇。（图 3-53）

洪福寺位于南禅寺西南方向十多公里处的北社村东。该寺创建年代不详，但据寺内经幢记载，金天会十年（1132 年），该寺在宋、金时代正是五台山南面重要寺院。整座寺院位于七米高的土台古堡之内，洪福寺仅正殿为金代原构，虽然外观是较低等级的悬山顶，但内部却是满堂华丽的一组大型华严三圣、二弟子、二菩萨以及二天王九尊制高规格彩塑，虽说背光为明代重修，局部地方被后世妆彩，但总体保持了金代

3-54

3-55

3-55
洪福寺胁侍像
彩塑 高约2米 金 摄影/刘晓曦

3-56
洪福寺胁侍像
彩塑 高约2米 金 摄影/郑力

原貌，且九尊造像均保存完好，非常难得。（图 3–54）

作为山西最重要的几处金代彩塑遗存，除了原汁原味的太符观金塑、体量宏大的崇福寺金塑，洪福寺这九尊金塑亦有高度专业的造型艺术水准。如果说佛光寺文殊殿里精彩的金塑多少在五官塑造上还有一定的程式化倾向，且体态较为庄重，那么洪福寺金塑，尤其是主尊菩萨及胁侍诸像，每尊造像神态各异，在气质上既表现出佛、菩萨的智慧庄严，又深具人性的温和妩媚，那种有血有肉而又富有崇高智慧的传神技巧，实在令人有天人合一的超凡神采，也堪称传统寺观塑像唯美写实倾向的顶级之作。（图 3–55、图 3–56）

（二）慧济寺（五代塑）

领略完佛光寺和南禅寺这两处重要的唐代古建艺术系统之后，离南禅寺西北大约五十公里处还有更珍贵罕见的五代泥塑作品不应错过，其艺术水平和风格气势之高妙，国内难有比肩之作，这处名叫慧济寺的古代艺术奇迹，处于从南禅寺北上晋北地区的必经之路上，应一起视为晋北地区最珍贵少见的艺术杰作。

我国有太多珍贵无比的古代艺术遗存未能得到真正重视和专业保护，晋北地区的慧济寺就是最典型的例子。对相当多的艺术家来说，慧济寺有何高妙其并不了解，而参观晋北艺术古迹，正是要把慧济寺里举世无双的五代艺术奇珍介绍给大家了解欣赏。

慧济寺位于原平市东北十公里中阳乡练家岗村中心广场一座古旧的四合院内，是我国除镇国寺外极其珍贵的五代泥塑遗珍。慧济寺现存建筑主要有山门、文殊殿、观音殿、东西配殿等几处明清建筑。据寺内明嘉靖十三年（1534 年）碑刻记载，该寺创建于唐，重建于宋，历代均有修葺。文殊殿坐南朝北，宽五间，深四间，单檐歇山顶，虽外观断代为典型的明代建筑形制，但柱头内拱却有浓厚的金代风格，殿内还有遗留唐柱二根，昭示其不凡的经历。正是在这间颇不起眼的古旧大殿之内，竟然保留了十尊五代风格的精彩泥塑，除两尊明代补塑的侍从像和前些年被盗的文殊主尊头像外，其余都是有明显唐末五代遗风的泥塑佳作，尤其是左右两尊护法天王像，艺术水准之高，堪称五代极品。（图 3–57、图 3–58）

文殊殿这两尊天王塑像，均为三米多高的大像，该像具体创作年代已不可考，但从造型风格在颇具晚唐风格的体格动态、盔甲装束的基础上又明显偏宋代更精细写实表现来看，此二天王像的创作年代应为五代末宋初时期，故也有专家认为是宋初作品。其实欣赏古代造型艺术，断代只是一个参照，最重要的是观察体会作品具有什么样的风格特征和技巧表现手法。如果说镇国寺里有确切年代可考的同类天王像还可以在敦煌泥塑里找到风格近似的作品，那么原平慧济寺这两尊独具唐宋混合之风的五代末期神品便是国内极为罕见的独家孤品。

慧济寺的艺术精华就是文殊殿里的这两尊天王像，文殊像现在的头部是被盗后补塑上去的作品。除两尊明代补塑的侍从像以外，其余的五尊作品也颇有五代宋初神韵。而观音殿里的塑像均为明代俗丽之作，几无艺术价值可言。

从原平北上，除云冈石窟外，剩下的基本上都是辽金时期的木建巨构和古建系统内的壁画泥塑珍品，这也是晋北艺术古迹最大的特色和带给参观者最意想不到的收获。

3–57
慧济寺文殊殿左侧天王局部
泥塑　高约 3.5 米　五代　摄影 / 刘晓曦

3–58
慧济寺文殊殿右侧天王像
泥塑 高约3.5米 五代 摄影／刘晓曦

（三）
朔州崇福寺（金构、金塑、金壁画）

崇福寺是朔北地区一座极为雄伟壮观的金代木构建筑群落，在里面的弥陀殿里蕴藏着堪比永乐宫的金代巨幅壁画和巨型泥塑造像，而收藏这些杰作的弥陀殿，更是晋北地区三大辽金古建巨构之一。（图 3–59）

3–59
崇福寺弥陀殿
金　摄影／刘晓曦
其琉璃殿顶金碧辉煌，飞檐斗拱雄劲雅丽，实为仅次于佛光寺东大殿之外最具造型审美价值的古代建筑珍品。

弥陀殿内的金代壁画，同永乐宫壁画一样气势恢宏，所不同的是这些金皇统年间（1141—1149 年）绘制的高达六米左右的巨幅壁画，比永乐宫元代作品更古朴，更有唐代遗韵。仅从这些唐风卓著的金代壁画，就可想而知辽金时代是多么了不起地把唐代艺术精髓和南方汉传艺术完美地结合在一起。（图 3–60、图 3–61、图 3–62）

3–60
《持盘菩萨像幡》
绢本　纵 80.5 厘米　横 27.7 厘米　晚唐
法国吉美博物馆伯希和收藏
图像引自朝华出版社 2000 版敦煌研究院编《敦煌》第 151 页

大殿内的金代巨型泥塑也是极有艺术水平的珍品。三尊主像和二胁侍菩萨立像均是造型精严主动、雄浑劲逸之作，具有高度概括的造型写实气度，同时又不失精准的细节刻画，体现出辽金时代高超的艺术审美品格。美中不足的是，左边观音像面部塑造较为拘谨，疑为后世补塑。两侧站殿的护法天王像虽然气势非凡，但整体造型把握和细节处理还是较为粗放。（图 3–63）

3–61
崇福寺弥陀殿壁画菩萨像
高约6米 金 摄影／刘晓曦

形象地看，这些作品就是现收藏于法国吉美博物馆、当年伯希和从敦煌藏经洞里挑选的最精美的唐代经卷佛画的最终放大完美版。

3-62 崇福寺弥陀殿壁画局部

高约6米 金 摄影/曹敬平

这些恢宏磅礴的巨幅佛像壁画，构图布局大度磊落，动态比例雍容大方，面部表情个性而庄严，线条用笔古朴劲健，细节刻画丰富精严，色彩表现古雅浑厚，从整体审美气质上表现出比永乐宫壁画更高的古朴品格，除了保存的完整性稍逊外，堪称比肩晋南永乐宫壁画的晋北壁画巨作。

3-63

崇福寺弥陀殿胁侍菩萨像

泥塑 高约3米 金 摄影／刘晓曦

3-64
崇福寺弥陀殿大势至菩萨像
泥塑 高约8.5米 金 摄影/刘晓曦

三尊主像和二胁侍菩萨立像均是造型精严主动、雄浑劲逸之作，具有高度概括的造型写实气度，同时又不失精准的细节刻画，体现出辽金时代高超的艺术审美品格。

这些雄伟精美的高大佛像，主尊连佛坛高达九米，两侧天王从脚到头也高达七米，加上明代精巧繁丽的背光衬托，整体气势表现出极为壮观震撼的视觉冲击。古代艺术家在塑造处理大型视觉空间的构思把握上，仍值得当代艺术创作借鉴。（图3-64）

值得观察的还有弥陀殿大门上精美繁多的棂窗花格木雕，有二十多种纹样，正檐下悬垂着现存最大的金代牌匾，屋脊上同真人等大的精美琉璃神将和各种华丽的琉璃鸱吻垂兽，也是极为罕见的建筑艺术精品。所以，崇福寺是集建筑、壁画、泥塑、棂窗、匾额等各种精美古雅艺术于一身的古代艺术“活化石”，堪称金代古建筑艺术系统的典范极品。

（四）应县佛宫寺释迦塔（辽构、辽塑、辽壁画）

从朔州往东到应县，可以参观同样堪称辽代古建艺术系统极品的应县佛宫寺释迦塔。该塔俗称应县木塔，在普通游客中很有名气。（图 3–65）

这座建于辽道宗清宁二年（1056 年）的八角形楼阁古塔，为明五暗四六檐九层高塔，总高 67.3 米，底层直径为 30 米，全系木架和斗拱承托，是中国现存最古、最高和最富古雅醇厚艺术气质的木构塔式建筑，被梁思成先生评价为“斗拱博物馆”。尽管这座雄伟的古塔体量如此宏大，但得益于建筑本身雄朴敦厚的高宽比，整个木塔并不像后来的宋、元、明时期的塔身造型那样瘦削，而是在视觉上呈现出一种庄严醇厚的造型美感。

3–65

3–65
应县佛宫寺释迦塔晨光
高 67.3 米 辽 摄影／刘晓曦
对学习古代造型艺术者而言，它远不止是一座古代木塔，这座辽代木构古塔，实在是集建筑、泥塑、壁画精品于一身的罕见之作，具有无可估量的审美艺术价值。

3-66
应县佛宫寺释迦塔底层大佛像
泥塑 高8米 辽 摄影／刘晓曦
塔内这尊佛像形体高大饱满，神态端庄慈祥，衣纹洗练流畅，结跏趺坐于束腰须弥座上，在视觉上呈现出完美的法相庄严之感。

3-67
应县佛宫寺释迦塔壁画天王像
辽代 摄影／刘晓曦

释迦塔除了在建筑本身造型比例上独具美感，塔内各层辽代泥塑和壁画才是真正的艺术精华。可惜该塔近年倾斜严重，整个木塔处于保护维修之中，除了底层巨型释迦牟尼佛坐像和四周精美的壁画外，楼上各层精彩作品几乎无法再见。

不过底层高达8米的辽代巨型佛像和四周醇和雅丽的壁画足以体现其艺术水平了。古代的大型佛像通常很难控制近距离参拜时的视觉感受，既要庄严大度，又不能因透视产生的近大远小变化影响佛像的整体气势，聪明的中国古代匠师常常在著名的大型佛像上采用加大头部比例，并略向前倾的造型手法，完美地解决了这一视觉难题。（图3-66）

3–68 应县佛宫寺释迦塔底层壁画佛手局部

辽 摄影 / 刘晓曦

巨大的佛像四周的辽代壁画也是罕见的艺术珍品。这些设色醇和古雅、造型端庄古朴的辽代七佛壁画，从总体风格来看，除了有明显的雍容华丽的唐风外，金刚天王和菩萨飞天在造型上却呈现不同的审美特质。比如这些金刚天王像造型威猛勇武，用线精劲顿挫，不经意流露出北方游牧民族天然的彪悍之气。而吸取了中原南方汉族文化艺术审美的女性化菩萨造型更接近于宋塑，在保持唐代生动妩媚的气质上又独具雅丽纤巧的特征。（图 3–67、图 3–68）

如果佛宫寺释迦塔加固维护完工之后再次全面对外开放，那么其内共计 26 尊辽塑和各层辽代壁画将会给观者带来丰富多彩的整体艺术享受，赞其为“汇艺术之精髓，集佛教之大乘”也不为过。

（五）大同善化寺和华严寺（辽构、辽塑、金塑）

大多数人通常是为了参观考察云冈石窟而停留大同，其实真正从纯粹的造型艺术角度出发，在一件作品中能达到表现技巧的高度、成熟度和从中体现出来的审美艺术水准，大同市区内的两座辽金时期皇家佛寺巨刹——善化寺和华严寺内艺术造诣极高的辽代泥塑，是更值得重视的艺术杰作。

善化寺和华严寺同属大同市最有文化艺术价值的辽金古建筑遗构，其内部均拥有大量无比精彩的辽、明时期泥塑珍品。这两座年代如此久远的皇家佛寺木建巨构能在历代争战的市中心保存下来，本身就是一个奇迹。而这两个佛寺内代表最高辽塑水平的泥塑作品，在造型技巧和艺术审美的高度上，较云冈石窟有过之而无不及，但长期被云冈石窟恢宏的气势所屏蔽。郭沫若先生高度评价下华严寺合掌露齿微笑菩萨为“东方维纳斯”，才让华严寺名声大噪。而具有更高艺术水平的泥塑作品的善化寺，正如安岳石刻与大足石刻一样，其艺术水平与名声正好相反。

先看华严寺。其辽代建筑遗构主要有上寺的大雄宝殿和下寺的薄伽教藏殿。上寺大雄宝殿为九开间单檐庑殿顶，形制上和义县奉国寺同为辽代遗存下来的规格最高的皇家大殿。虽建筑本体为辽代巨构，但大殿内的泥塑和壁画却为明清时期作品，其艺术水平在山西范围内就属很一般的作品，并不具备双林寺那样高妙的艺术水准。华严寺真正有价值的艺术珍品为下寺薄伽教藏殿内佛坛上的 31 尊辽塑。

这组辽代塑像在造型布局上的特点为：在三尊主佛前布置着大小菩萨胁侍多尊，或坐或站，错落有致。诸菩萨体态生动，表情愉悦，尤以一尊合掌露齿微笑的胁侍菩萨最为精妙传神，亦即为华严寺带来传奇名声的那一尊“东方维纳斯”。梁思成先生在《佛像的历史》一书中对此组辽塑的评价颇为中肯：“此殿像，雅丽有余，庄严不足，立像之风度，亦不及独乐寺观音阁胁侍之隽逸，殆为作者表现能力有限。”[9] 的确，这些堪称辽塑精品的造像，虽然技法娴熟，雅丽秀美，但在审美格调和表现技巧上还是流于甜美柔弱，实为美中不足。（图 3–69）

再看善化寺。该寺始建于唐，毁于辽金间的战火，但于金天会至皇统年间重建，唯有大雄宝殿为辽代遗存，今天能看到的山门、三圣殿和普贤阁均为金代遗构，其余建筑为现在补建。善化寺虽然名气远不及华严寺，但真正的辽金泥塑极品却保存在善化寺大雄宝殿之内。按笔者个人观点，这批珍贵的泥塑不仅是辽金时期的最高水平作

3–69

3–69
大同华严寺下寺合掌露齿菩萨像
泥塑　高约2米　辽　图像引自山西省博物院

从总体艺术水平上看，这些辽代菩萨塑像在继承唐风的前提下，身体比例变得更加婉转修长，体态更加柔美纤丽，但整体造型处理并不特别完善，形体塑造刻画还是略显概念化和程式化。

品，即便是把它放在整个中国古代雕塑史里也是最出类拔萃的写实性奇珍。

作为辽代唯一遗存，善化寺大雄宝殿为面阔七间、进深五间的雄伟大殿，虽体量上略逊于华严寺上寺大雄宝殿，但整体外观和内部结构更显古朴典雅。一踏入大殿，一种庄严古雅之美扑面而来，一方面来自大殿内部雄壮健硕的内拱与醇和典雅的殿顶藻井图案色调，另一方面来自中间佛坛上高大深远、气势庄严恢宏的五方佛造像和两侧塑造出神入化的二十四天尊大型塑像。（图 3–70）

先来做一个比较，把代表华严寺下寺最高水平的合掌露齿胁侍菩萨像和代表善化寺最具古典唯美气质的右侧第三尊天女像一起对比，双方艺术表现的高下便易见分晓。从整体造型看，华严寺辽塑体态妩媚，柔美动人；而善化寺天女则体态沉静端庄，含蓄典雅。华严寺菩萨一看便是程式化的女性化菩萨造像；而善化寺天女则在符合宗教仪轨的前提下，完全是一尊高度精练的古典写实真人塑像，体现了创作者非常个性敏感的艺术天赋，达到了神性与人性的完美统一。（图 3–71、图 3–72）

善化寺除这尊天女像之外，大雄宝殿内的 33 尊泥塑，五方佛及弟子、胁侍及二十四天尊都极为精彩传神，表现出当时整个塑匠班子高超的艺术水平。可惜现在无法考证是为何门派所为，但一定是像晋南永乐宫壁画大师朱好古门派的泥塑天才高手才可为之。的确，面对这样具有高度东方审美意境的辽金古典写实作品，可能唯有长子县法兴寺的宋塑和安岳北宋茗山寺石刻造像才能达到这种最难写精神的写实高度。（图 3–73、图 3–74）

善化寺除了这些艺术水平极高的辽塑，山门内还有四座体态庞大、气势撼人的明代坐姿泥塑天王像，非常精彩，是少有的明代天王佳作。而宏伟典雅的三圣殿，是一座非常完美的金代木构建筑，但除了建筑造型本身的艺术美感可以体会得到外，大殿佛坛上的清代泥塑明显气息拘谨，造型别扭，不同时代的艺术审美差距可见一斑。

另外，大同市内有一座雄伟的明代琉璃浮雕九龙壁，作为与善化寺、华严寺三足鼎立的市区内杰出古代遗迹，也颇值得参观。九龙壁系明代大同代王府的门前照壁，和北京清代故宫、北海内两处九龙壁相比，壁高 8 米、厚 2 米、长 45.5 米的宏伟体量彰显出超乎寻常的霸气与富丽。

3–70

大同善化寺大雄宝殿佛坛

泥塑　高约6米　辽金　摄影/刘晓曦

3-71

3-72

3–71

善化寺大雄宝殿吉祥功德天立像

彩塑　高约3.5米　辽／金　摄影／刘晓曦

善化寺吉祥功德天面部五官刻画和神态表情自然含蓄又独具个性，准确微妙地反映出纯真虔诚的内心世界，堪称以形写神的极品。而且其衣饰褶皱的表现刻画不仅在起承转合上松紧有度、虚实相间，某些神来之笔的雕刻有如锥画沙般的劲逸神采，非吴道子、武宗元之造型天赋不可为之。

3–72

善化寺大雄宝殿日宫天子立像

彩塑　高约3.5米　辽／金　摄影／刘晓曦

3–73

善化寺大雄宝殿辩才天子立像

彩塑　高约3.5米　辽／金　摄影／刘晓曦

3–74

善化寺大雄宝殿胁侍菩萨立像

彩塑　高约2.3米　辽／金　摄影／刘晓曦

3–73

3–74

（六）云冈石窟（北魏皇家石窟）

云冈石窟是中国石窟史上最重要的早期代表性石窟造像艺术遗存。云冈石窟作为北魏皇家石窟寺，集中了当时举国之力营建，其规模宏大壮观，造像富丽堂皇又无比庄严，这些代表永恒的北魏石刻，既是无言的历史，又是凝固的艺术文明。

云冈石窟开凿的重要条件为“上有所好”，即刚建立北魏政权的鲜卑族统治者在接触中原文化后，开始尊崇佛教，从道武帝“好黄老，览佛经”到明元帝“又崇佛法……建立图像”[10]，拓跋氏元魏举国佛教兴盛，经446年信奉道教的太武帝拓跋焘大规模灭佛运动后，直到452年文成帝拓跋濬即位后，佛教才又重新兴起。在采纳主持开凿凉州(今武威)天梯山石窟高僧昙曜的建议后，任命其为沙门统，从此在武州山大规模开凿造像，从此迎来了中国石窟史上的第一次高潮。云冈石窟自460年以举国之力大规模营造，成为当时令所有人仰慕的浩大工程，其所耗费的人力、物力不计其数。其大规模的营建，至孝文帝迁都洛阳后停止，但中小型民间石窟的开凿一直持续到孝明帝正光五年(524年)。（图3–75）

云冈石窟在中国石窟艺术史上具有极高的地位，也是美术院校教科书里的经典范例，但是如何从云冈石窟这样气魄宏伟、雕刻精美、富丽堂皇又令人眼花缭乱的艺术宝库里学习北魏时期的艺术精华，并且在众多溢美之词里找到最有代表性的艺术成就，本书要从以下四个方面加以推荐。

3–75
云冈石刻第20窟露天大佛局部
石刻　北魏　摄影／刘晓曦

3-76
云冈石窟第 5 窟右侧窟壁造像
北魏 摄影 / 刘晓曦

第一，作为世界上最宏伟的石窟艺术之一，云冈石窟表现了 5 世纪人类石雕艺术所取得的最高成就，而代表云冈最高艺术水平的昙曜五窟大佛，正好体现了源于西方浓厚的犍陀罗艺术风格的交融与影响。（图 3-76）

犍陀罗艺术，准确地说是犍陀罗佛教艺术，它是一种艺术流派，又代表一种艺术风格，它主要代表古印度西北部（今巴基斯坦北部）地区的艺术风格手法，同时又带有希腊化艺术风格特征。而云冈石窟作为中原地区第一处大型佛教石窟寺，其整个风

3-77
云冈露天大佛衣纹局部
北魏　摄影／刘晓曦

格深受犍陀罗艺术的影响，以20窟露天大佛为例，这一时期佛像的衣饰，或右袒，或通肩，同时衣饰褶皱也表现出希腊化般的轻薄优美和曹衣出水式的轻盈流畅，并且带有一些高凸的花纹，充分反映了犍陀罗和中亚地区的艺术造型风格特点。本来袒右肩是古印度佛教的礼服形式，佛教艺术传入中国，虽大致保持了这一形式，但中国含蓄克制的儒家文化还是不可避免地对这种显得不够庄重的礼服予以适当的改造，比如这尊露天大佛右肩不再全袒，而是给右肩稍微的遮掩，呈现出中国式的“右开左合”袒右肩佛装。而在雕刻斜披袈裟内侧紧贴身体着所谓“僧祇支”的内衬时，刻画细腻，饰纹流畅，虽有高凸的花纹处理，但似轻纱透薄出水，带有2世纪印度秣菟罗艺术风格的表现手法，显示了强烈的西方异域风格。（图3-77）

第二，以昙曜五窟为代表的北魏大佛巨像造型风格样式体现了典型的巴米扬大佛式的“犍陀罗佛像大型化”的造型气度特征。阿富汗巴米扬石窟是世界上现存最大的石窟造像遗址，那尊驰名世界的西大佛立像是大型化犍陀罗风格的典型代表，可惜前些年

3-78
阿富汗巴米扬西大佛立像（被毁以前照片）
石胎泥塑　5世纪
图片引自《中国国家地理》2007年11月号
第31页胡杨、吴健等《沿着石窟的长廊佛走进了中国》

被毁。佛像身着通肩袈裟，是犍陀罗佛教造像的主要特点之一，印度最早的佛像正是这种服饰，与云冈石窟开凿时间大致相同的巴米扬大佛就身着通肩袈裟，由于其体形高大又穿有希腊化风格衣纹线条的犍陀罗式通肩轻薄袈裟，所以有石窟史专家称其为“犍陀罗佛像的大型化”。从昙曜五窟和第 5 窟、第 3 窟等多尊云冈大型造像来看，其姿态与气度均表现出和巴米扬大佛很相似的风格审美特征，同时也是早期北魏石窟造像深受外来艺术风格影响的典型例证。（图 3–78）

第三，云冈石窟有众多精美灿烂的洞窟，其洞窟主要为中心塔柱式形制，体现了早期中国石窟艺术受到古印度石窟形制的深刻影响。

与南方安岳、大足为代表的南方石窟等本土化的摩崖造像形制不同，这种源于印度早期“窣堵波”崇拜的塔堂窟形制，为一个方形石柱凿立于洞窟中央，将洞窟的顶部与地面连为一体，这样的洞窟被称为中心塔柱窟。

在云冈中心塔柱窟有 8 个，最具典型性的是第 6 窟中心塔柱。该窟作为云冈石窟

3–79
云冈石窟第 6 窟中心塔柱和壁面雕刻
石刻 北魏 摄影 / 刘晓曦

在这些精美生动而又重重叠叠的大小佛龛之内，当年的匠师们构思巧妙，充分吸收外来艺术营养，与中国本土魏晋闲逸松动的传统艺术风范有机融合，集多种龛式、塔式、人物、装饰纹样等内容于一体，创造了中心塔柱窟最为精美的形制，成就了佛教雕刻艺术最辉煌壮丽的篇章。

3–80
云冈石窟第 12 窟内窟楣造像及纹饰
北魏 摄影 / 刘晓曦

中最为辉煌灿烂的中心塔柱窟，形体高大，雕刻精美繁复，塔柱四周和窟壁雕刻面积达 450 平方米之多，是典型的皇家大型豪华塔柱风格。（图 3–79）

第四，云冈石窟造像在中期以后的造型审美特征上更具魏晋褒衣博带的南朝逸韵。云冈石窟中后期大量佛像的服饰出现了具有南朝汉化风格的衣饰褶纹造型，而佛像衣饰的演变，正意味着时代的变迁。

5 世纪后半叶，北魏孝文帝带头改汉姓，着汉服，进行了一系列政治、经济、文化改革。在艺术方面的体现上，则直接投射于云冈石窟的造像上。来自魏晋南朝的褒衣博带的服装风格的主要特点是宽大飘逸，这种从汉代开始流行的服饰在中国古代长期引领风骚，深受汉族人民喜爱。《晋书·五行志》说：“晋末皆冠小而衣裳博大，风流相仿，舆台成俗。”[11]5 世纪时，这种服装特别流行于南朝。南朝历代士大夫都崇尚褒衣博带的服饰，这种士人风气自然就渗透进了魏晋名士的品位之中，而深受中原南方汉族文化影响的北魏石窟造像艺术，自然就在衣饰造型风格中表现出来。

以第 6 窟东壁上层佛立像最为典型，衣服宽大，领口敞开至胸，内着“僧祇支”式内衣，博带胸前打结后由胸至腹自然下垂，衣襟为“左衽”，即从右面掩向左面。外披宽松袈裟，褶皱边呈倒“V”字形由两侧下垂，与衣服一起形成下摆，并向两侧大幅散开，使佛像整体呈“A”字造型。（图 3-80）

云冈石窟造像恢宏博大，多姿多彩的艺术审美精神深刻地影响了后来中国其他地区的石窟造像艺术，这里有一个特别的例子，足以表明后来的杰出宗教造像皆有其鲜明的影子。第 8 窟南壁明窗侧立露齿菩萨造像和大同华严寺下寺那尊著名的合掌露齿微笑菩萨在神态上惊人相似，不少人对这尊违反佛教“笑不露齿”的世俗化辽代塑像大加赞美，认为是辽代艺术家热爱生活、对美好情意不懈追求的独创之举。其实早在 500 多年前，云冈第 8 窟这尊妩媚动人的菩萨造型就开了生动优美的世俗化造型先河，辽代菩萨的创作者应该是云冈先辈的追随者，而非开创者。5 世纪的云冈石窟艺术，带给后世中国石窟寺造像艺术无比深远的影响。

五 晋东南艺术古迹

晋东南地区是山西古代艺术遗存中以宋塑宋构见长和相对集中的地区，其相对偏僻和城市化进程偏缓的历史地理格局，让晋东南有相当精彩的宋元时代艺术精品保存到现在，尤其是在宋塑方面，长子县的法兴寺和毗邻的崇庆寺，更是拥有堪称宋塑极品的古代造型艺术遗珍。高平开化寺有迄今为止水平最高的宋代壁画，在平顺大云院有极为精彩的五代壁画，甚至晋城古青莲寺还有6尊水准一流的唐塑，同样晋城、玉皇庙那些鬼斧神工般的宋元泥塑极品无不让人目瞪口呆。除了这些非常精彩的精品之外，晋东南还有很多有价值的艺术古迹值得探访，诸如长治观音堂、南涅水石刻、羊头山石窟、晋城二仙庙等精彩的古代石刻、泥塑佳品，因篇幅有限故不一一介绍。（图3-81、图3-82）

古时，因太行山天险盘亘于此，晋东南地区称为“上党郡”，取“与天为党，与天居为邻”之意。上党为古代战略要地，因地势险要，成为兵家必争之地。晋东南地区紧邻太行山与王莽岭，山势崎岖、交通不便，自古以来就相对偏远闭塞，因而完好地保存了大量唐末、五代、宋元时期的木构古建及其内拥的珍贵文物。中国历史上很多文化故事传说，也都发源于此，比如坚韧不拔的愚公移山之太行、神农尝百草之百谷山等等，从这些充满历史文化的传说中，不难理解为何在如今并不太发达的晋东南地区会拥有如此高水平的文化艺术古迹。山西，总是处处带给传统艺术研究太多的惊奇。

3-82

3-82 观音堂悬塑群像
彩塑 单体高约0.4米 明 摄影/刘晓曦

3-81
法兴寺圆觉菩萨像
彩塑　高约2米　冯宗本　宋　摄影/刘晓曦

（一）平顺大云院（五代建筑、壁画）

大云院位于平顺县实会村，离山西另一座唐代民居式佛殿天台庵不远。因天台庵规模小，与永乐宫旁广仁王庙一样，早已不存任何艺术文物，故在此略过。而创建于五代时期的大云院，虽原有百间规模，现仅有大佛殿为五代遗构，并于殿内存留有一幅面积为21平方米的五代壁画。壁画现有片段多已残缺模糊，但这并不会减弱它在视觉上的精彩魅力，而殿内的拱眼壁和阑额也有五代彩绘。寺内还有五代石雕香炉和北宋石经幢。（图3–83）

尽管大云院壁画里的菩萨各处均有损毁，但众菩萨造型饱满丰腴，尤其面部五官勾线娴熟劲圆，气息神态端庄持重，与榆林窟25窟的诸菩萨像在气质风格上非常接近，在设色方面也与25窟高度一致，均是肤色素雅，衣饰和背光、头光方面以渐变的石绿晕染，整幅色调和榆林窟25窟一样素净古雅。但如果仔细对比二者的差异，大云院的五代壁画在整体造型技巧能力上比榆林窟25窟更显精确和洒脱自如，更富有高逸的绘画表现能力，其艺术水准应在榆林窟25窟之上。（图3–84）

3–83 平顺大云院壁画菩萨局部
五代 摄影／刘晓曦

大云院这段残留壁画的最大特点便是和敦煌榆林窟非常有名的25窟中唐壁画在绘画造型和设色处理上高度相似。这是一个非常有意思的对比，榆林窟25窟远在河西走廊西端，在时间上要早近百年，而大云院在山西东南部的深山寺院里，为何相距数千里之遥又不同时代的佛教壁画造型设色风格会如此接近？这实在是绘画史上一个有趣的问题。

3–84 敦煌榆林窟25窟文殊变局部
中唐
图像引自江苏凤凰美术出版社2014版敦煌研究院编《榆林窟艺术》第67页

（二）长子县法兴寺与崇庆寺（宋构、宋塑）

法兴寺和永乐宫是我国少有的文物成功搬迁的经典案例。法兴寺原址在长子县东南 20 公里处的慈林山腰，因过度开采煤矿而造成地面下陷，现址为距原址 2 公里的翠云山麓，复建后虽失去古朴静雅的环境，但几件镇寺之宝所具有的高度艺术价值，仍令人神往。

法兴寺始建于后凉神鼎元年（401 年），历史文化积淀深厚，文物品类精绝丰富。初名慈林寺，唐高宗李治赐名为广德寺，宋治平年间更名为“法兴寺”，并沿用至今。法兴寺最具造型艺术价值的古迹为三绝之一的宋塑十二圆觉像，被誉为宋塑菩萨之冠。除此之外，唐代的双层四角形楼阁式舍利塔是国内孤品，而更有名的燃灯塔建于唐大历八年（773 年），是我国仅有的三尊唐代燃灯塔中保存最完整、做工最精细、结构最精巧的一座。塔身上的浮雕凿磨细腻，刀工娴熟，具有很高的艺术欣赏价值。

法兴寺的艺术精华在于北宋元丰三年（1080 年）重修并保存至今的圆觉殿内的十二圆觉菩萨泥塑。

殿内佛坛宽大，平面呈“凹”字形，为须弥式束腰砖雕佛坛，上有释迦佛结跏趺坐于中央莲台，二弟子躬身相侍。文殊骑狮，普贤骑象分列左右，二护法金刚侍立两边。最精彩的十二圆觉菩萨一边六尊，置于左右次间。据殿内碑刻记载，这些堪称中国古代宋塑写实主义极品的泥塑，是由当年著名塑匠冯宗本等人创作，实在为大师级手笔。如果说在中国古代写实主义泥塑作品中能达到如欧洲文艺复兴时期借神喻人的艺术境界，那么在宋代中国式的文艺复兴写实作品遗存中的最高代表也仅有长子法兴寺十二圆觉菩萨像、大同善化寺辽金二十四诸天和安岳茗山寺石刻为代表的作品堪当此誉。（图 3–85）

这十二尊圆觉菩萨皆为坐姿，双足下垂，视觉上与真人等大，实际则较真人略大，只此一点，即可感知冯氏大师般的造型领悟能力。每尊造像均坐在束腰须弥座上，赤足踏莲蒂，身姿动态或正或侧，但均形成头颈肩富有变化的优美动势，一扫菩萨庄严的单调坐姿，但又不至于像华严寺下寺辽代菩萨那样妩媚，非常微妙地把握了中国伦理教化范式下女性美所能表现到的最大程度。

在大致符合佛教仪轨的前提下，这十二圆觉像上身或披巾或半袒，彩带萦绕，飘拂轻逸，璎珞华美富丽，衣纹起伏穿插，极具绘画运笔的松紧韵律。发型为高髻式，自前向后卷曲竖起，缕缕如丝，技艺精湛。面部塑造圆润饱满，细眉广颐，双目低垂，

3-85
法兴寺十二圆觉菩萨之一
彩塑 高约2米 冯宗本 宋 摄影／刘晓曦

3-86
法兴寺十二圆觉菩萨之二
彩塑 高约2米 冯宗本 宋 摄影／刘晓曦

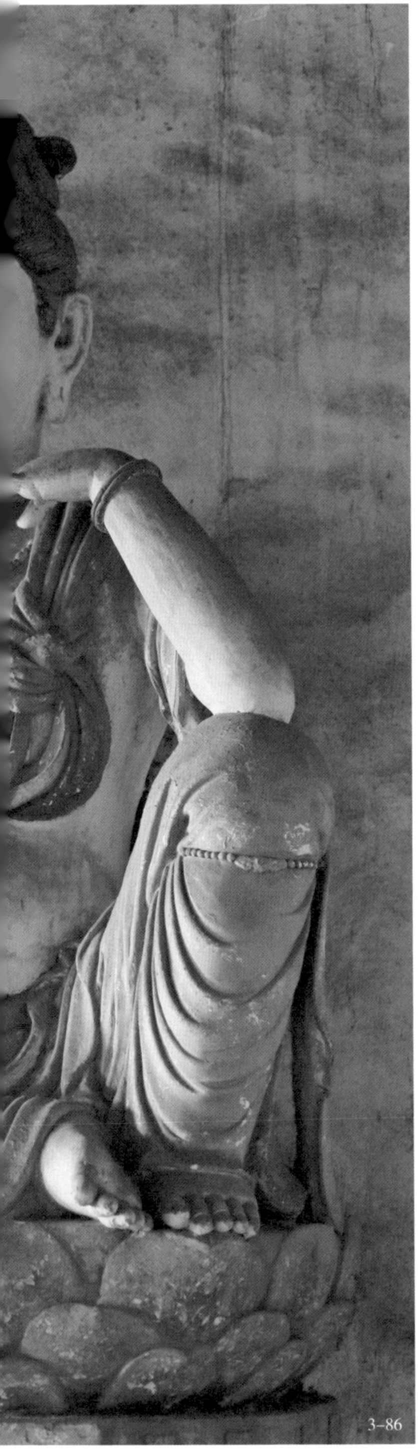

3-86

3-87

3-87

法兴寺十二圆觉菩萨之三

泥塑 高约2米 冯宗本 宋 摄影/刘晓曦

这12尊泥塑完工于宋徽宗政和元年（1111年），这批伟大的宋代写实主义作品，除了无比精湛的雕塑技巧，最值得赞赏的是冯氏门派开创性地突破了神与人的局限，以游刃有余的写实手法表现了当年现实生活中宋代女性面貌和精神气质，让这些具有理想化形态面貌的圆觉菩萨在雕塑艺术的角度上达到了完美的统一。

嘴唇纤柔细巧，肌肤圆润细腻，神态既娴雅美惠又端庄秀丽，似凝神沉思，又像觉醒顿悟，非常含蓄典雅地表达了佛经中所谓“正觉始圆”的意境，堪称中国古代写实风格造型艺术中里程碑式的作品。

这十二圆觉中最为精妙者有二，其中一尊右腿盘曲，左肘依膝，在体态身姿上示以优雅的动感，而头部稍倾，眼睛微闭，似于安静中凝思，如此一动一静的微妙对比，彼此依存，使作品具有不可言表的视觉造型美感。另一尊则如雕塑大师罗丹所说的“所谓运动，是从一个姿态到另一个姿态的转变”。这尊圆觉面容清纯慧美，眼睛微睁，神情娴雅，两手自然上举，半袒上身，又彩带披肩穿插萦绕，线条飘拂逸动，暗示了形体的内在动势。神情体态精准而微妙，恰到好处地表达领会了什么而有所觉悟的那一瞬间，达到了以形写神的最高艺术境界。（图 3–86、图 3–87）

长子县法兴寺内的北宋十二圆觉塑像，兼具东方含蓄审美与西方具象写实技巧，精神上达到了人性与神性的完美统一，艺术表现手法上所具有的以形写神、气韵生动的高度境界，无疑是中国古代艺术中文艺复兴式的雕塑代表，相信亲身观摩过它艺术神采的有识之士会给予其应有的地位和评价。

崇庆寺位于长子县东南 22 公里处的紫云山，距法兴寺咫尺之遥，同样存有高度精彩的宋塑佳品，可谓长子县古代艺术的珠联璧合之作。

崇庆寺由前庙、后寺两部分组成，庙前遍布珍贵的白皮古松，有近千年历史，造型奇丽，极具艺术审美价值，为崇庆寺的一大奇景。崇庆寺是佛道合一的古代宗教遗存。前庙灵贶王庙，为道教遗物。后寺即崇庆寺，充分体现了中国历史上道佛两家从对立到和谐共处的文化变迁。

该寺始建于北宋大中祥符九年（1016 年），现存建筑为四合院型，正殿为千佛殿，梁架斗拱均为宋制，也具有很高的造型审美价值，体现了宋代建筑那种典型的豪劲醇和之风。左右两侧配殿分别为卧佛殿与三大士殿，南为天王殿，殿内天王横眉怒眼，威武壮观。西北隅为地藏殿，殿内主尊造像为地藏菩萨，两侧环列十帝阎君、六曹官，顶部悬塑幽冥地府。而西侧配殿内北宋元丰二年（1079 年）所塑的观音、文殊、普贤三大士像及十八罗汉像，则被誉为宋塑之冠的高水准佳作。（图 3–88、图 3–89、图 3–90）

三大士殿内的三尊主佛，以骑象普贤塑像最为生动传神，造型富贵典雅，衣饰华丽，色彩富丽，衣纹线条繁复自然，其神采里流露出的人性之美胜过宗教风仪，体现出典型的宋代世俗化审美追求，而居中骑麒麟的观音大士像，可能因补塑妆彩的原因，

3-88

崇庆寺三大士塑像

彩塑　高约4米　宋

摄影／刘晓曦

3-89

崇庆寺三大士殿罗汉像

泥塑　高约2米　宋

摄影／刘晓曦

这些罗汉泥塑最出彩的是那庖丁解牛般游刃有余的线条塑造处理，于繁复中归于简练，于飘柔中寓于劲力，体现出极高的造型表意境界，不愧为宋塑之冠。

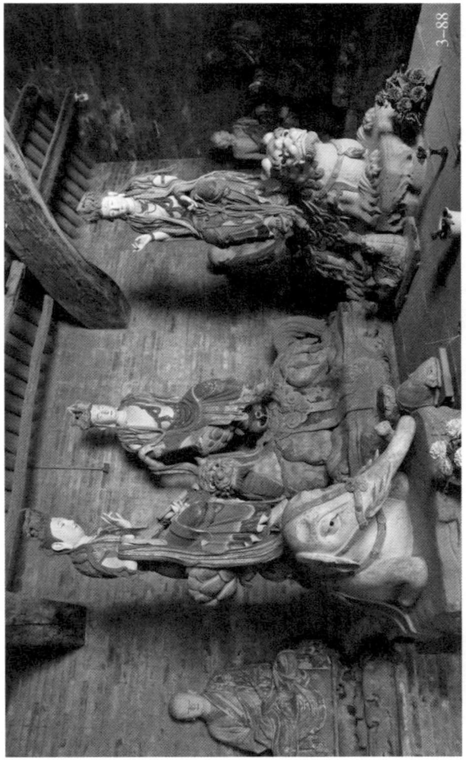

3-90
崇庆寺地藏殿十王群像
彩塑 高约2米 明
摄影／刘晓曦

3-91
崇庆寺三大士殿禅定罗汉像
彩塑 高约2米 宋
摄影／刘晓曦

3-92
崇庆寺三大士殿罗汉局部
彩塑 高约2米 宋
摄影／刘晓曦

3-93
崇庆寺三大士殿罗汉像
彩塑 高约2米 宋
摄影／刘晓曦

3-94
高平开化寺大雄宝殿宋制飞檐斗拱
宋 摄影／刘晓曦
其飞檐斗拱形制是北宋时期那种典型的豪劲醇和风格，和法兴寺那颇有唐风的宋代建筑相比，更加古朴醇厚，简直就是宋画里建筑的原型典范。

从动态到面貌都不大自然协调。

三大士殿内真正最有艺术价值的是那些神态性格各异的十八罗汉像，如果说双林寺罗汉殿的宋塑罗汉已是第一流的水准，那么崇庆寺的十八罗汉像则还要技高一筹。这组同样以气韵生动、以形写神见长的宋塑，不仅极具高度概括传神的表情——或文静含蓄、闭目沉思，或奋髯蹙眉、狂放不羁——同时在塑造动态比例结构的技巧把握上轻松自如，精准到位。（图 3–91、图 3–92、图 3–93）

此外这些罗汉塑像最为出彩的是那庖丁解牛般游刃有余的线条塑造处理，于繁复中归于简练，于飘柔中寓于劲力，体现出极高的造型表意境界，不愧为宋塑之冠。

（三）
高平开化寺（宋构、宋壁画）

和平顺大云院一样，高平宋代木构古建里遗存下来的壁画，也属宋代寺观壁画的翘楚之作，但目前开化寺的保护管理不太理想，即使亲临现场，也不易看到壁画。

开化寺位于高平市东北 11.5 公里的开化寺风景区舍利山腰，这座千年古刹就掩映在雄踞山谷的高台之上。现存的木构古建体现了五代时期的建筑风格，主体建筑大雄宝殿为宋代建筑。（图 3–94）

大雄宝殿里的精华是 88 平方米的宋代壁画，开化寺的北宋壁画更彰显出雄劲顿挫的笔力和雍容典雅的唐代遗风。其在设色上堂皇而典雅，整体绘画精神气息已脱离匠气而富于豪劲典雅的大度品格，是我国历史上珍贵的壁画遗产，其保存现状远不能和它的艺术地位和价值相匹配。（图 3–95、图 3–96）

颇有遗憾的是大殿两铺壁画已有不少被破坏，几乎所有菩萨天女贴金头饰均被挑毁，非常可惜。最后不要忘记创作如此精妙壁画的北宋画师，他的名字叫郭发。（图 3–97）

3–94

3-95

开化寺壁画说法图局部

郭发 宋 摄影／刘晓曦

3-96

开化寺壁画天女头像

郭发 宋 摄影／刘晓曦

3-97

开化寺壁画菩萨像

郭发 宋 摄影／刘晓曦

如果说榆林窟第3窟的绘画风格称得上生动写实，线条处理为偏文气素雅的李公麟白描游丝风格，整体绘画气息致密而律动，具有一种柔和简雅的风采，那么开化寺壁画更是在生动写实的绘画风格上体现出用线雄劲老辣偏吴道子兰叶描式的运笔气格，且于豪劲中不失精微。

3–97

（四）晋城玉皇庙（宋塑、元塑、元构）

在山西，从晋南到晋中，从晋中到晋北，到处都蕴藏有艺术水平高超、令人感慨的历代艺术杰作。从唐末到宋元明清，三晋大地上的古代艺术杰作无论如何精彩动人，在造型审美上大体都遵循了东方含蓄意象的审美情趣和以此为核心的写实主义表现手法。然而如果不参观晋东南玉皇庙那一组二十八星宿泥塑道教造像极品，无论如何也不能说看到了山西古代艺术最特别的精华。而这正是晋东南道教造像艺术要带给来访者的震撼和惊喜，对它的评价也远不是用寺观雕塑精品这样的地位能衡量。以笔者个人观点，玉皇庙二十八星宿像堪称中国雕塑史上最奔放、最独特、最有个性气质的绝世孤品。

玉皇庙是一处规模宏大、保存完好的道教宫观建筑群，位于晋城市区东北 12 公里的府城村北山土岗上，始建于宋神宗熙宁九年（1076 年），金、元、明、清皆予重修扩建，现存建筑均为形制结构装饰繁丽的明式风格，已不复宋元雄劲豪迈之气。

然而正是寺观内西庑殿这样毫不起眼的普通明式配殿内，却遗存有令人震惊的道教二十八星宿塑像。这二十八尊造型气质风格特异的旷世奇珍是玉皇庙艺术价值最高的精华所在。关于这组精绝神奇的泥塑的作者，普遍的看法为元代著名雕塑家刘元，不过近来山西学者赵学梅先生研究称其为更早的宋代泽州本土塑匠所作，从其造型风格与现存天津宝坻区的广济寺三大士殿的刘元作品相比，确有差距，看来这种说法也不无道理。但这组风格狂放张扬的特异作品，更似元人的气质。

二十八星宿本是中国古代天文学家对天空之东西南北四方各七组星座的统称，而古代天文学上的成就，被道家加以利用，成为道家护道降魔、驱邪造福的神祇。这组二十八星宿像，正是雕塑家为表现宇宙中冥冥星空，发挥了奇特丰富的想象力，采用寓意、象征和夸张变形等艺术手法，以有形之人表征替代了神秘无形的星宿神祇。用现实的形象表现抽象玄虚的道教宗义，并特别强调奔放的动势表达，以表现那种狂放奇幻的浪漫艺术想象。创造这二十八星宿像的艺术家别出心裁地改变了人物坐姿的正常比例，把上身加长了一个头的高度，使每尊塑像均呈现出一种似坐非站、非坐欲站的奇异动势。这种化静为动的艺术手法既如同宋代白描大家李公麟画李广射胡骑所采用的“引而不发，跃如也”的象征处理，也似中国书法中起笔藏锋，后以“燕尾”扫出之势，把神仙们超凡脱俗、仙风道骨般呼风唤雨的气质风度刻画得既真实生动又富于七情六欲的神采个性，同时艺术家用丰富浪漫的想象力，将二十八星宿方位与肉身之人和虎豹犲狼等象征动物及宗教教义四者的形体、思想元素结合，运用夸张、变形、概括、比兴、联想等艺术手法，使理想现实化、抽象具体化，并化腐朽为神奇，让这些呼之欲出的道家星宿生动形象地完成了由人变神的艺术升华。(图3–98、图 3–99)

玉皇庙不仅保存有二十八星宿这样的旷世奇珍，其三进六重的院落里还有不少宋、金、元、明时期的泥塑佳作。比如玉皇殿的宋塑侍女群像，也是相当精彩优雅的艺术佳品，加上其他各路神仙塑像，晋城玉皇庙有众多不同时期的神圣仙鬼汇聚一堂而各踞一方，共同组成一个想象中的仙道世界，实在为中国道教宫观建筑艺术系统所罕见，不可不观。（图 3–100）

3–98
玉皇庙二十八星宿·壁水貐
彩塑 高约2米 元 图像引自《中国寺观雕塑全集》

3–99
玉皇庙二十八星宿·危月燕
彩塑 高约2米 元 图像引自《中国寺观雕塑全集》

3-100

3-100
玉皇庙十二辰君头像
彩塑 高约2米 元 图像引自山西省博物院

3-101
青莲寺上寺藏经阁斗拱角神
泥塑 高约0.8米 宋 摄影/刘晓曦

3-102
青莲寺上寺释迦殿文殊像
彩塑 高约3.89米 宋 摄影/刘晓曦

（五）晋城青莲寺（唐塑、宋构、宋塑）

前文已述，全国现今仅存唐塑70余尊，除敦煌莫高窟近20尊外，其余全部都在山西，除去晋北地区佛光寺和南禅寺现存的51尊，唯一拥有6尊唐塑的晋南古建庙宇就是青莲寺。仅此一点，就令人神往。

青莲寺初名“硖石寺”，位于晋城市区东南17公里的泽州县硖石山腰。该寺分为上下两寺，分别拥有唐宋时期的众多文物和泥塑珍品，当然还有不少宋代木构古建至今保存完好，其风格古朴雄劲，极富古建艺术造型之美。（图3–101）

3–101

上寺又称新寺，始建于隋，殿宇高低错落。大殿分为三院，前院为天王殿，中院有藏经阁释迦殿，后院为大雄宝殿。上寺的艺术精华为释迦殿内的三尊宋塑，尤其是左右两尊3.89米高的文殊、普贤座像，面相方中带圆，高发髻，眼神微微下视，神情泰然自若，虽双手均已缺失，但仍不乏庄严自然、典雅沉稳的宋风，实为宋塑上品。（图3–102）

位于硖石山脚的下寺，又称古青莲寺，始建于北齐天保年间（550—559年），唐咸通八年（867年）重修并赐名青莲寺。下寺因历史原因，仅存有北殿与南殿。北殿为正殿，现存有青莲寺精华唐塑6尊，这6尊唐塑为专家一致认定的唐代原作。而南殿内有5尊泥塑则有较大争议，有专家认为是早期宋塑，也有专家认为是唐塑但经宋代补妆。（图3–103）

3–102

古青莲寺正殿内的6尊唐塑，其中5尊较为完整，均塑于宽大的凹形佛坛上，形制上与敦煌莫高窟标准唐制一佛二弟子二菩萨二供养的规制如出一辙。（图3–104、图3–105、图3–106）

3-103

3-103

青莲寺下寺正殿普贤和阿难像

彩塑 高约 3.5 米 唐 摄影 / 刘晓曦

3-104

青莲寺下寺正殿普贤

彩塑 高约 3.5 米 唐 摄影 / 刘晓曦

此殿唐塑在造型上呈明显的晚唐风格，整体造型上不再如盛唐作品那样丰满夸张，更趋于丰腴自然。尤其是左右二尊文殊、普贤座像，塑于束腰须弥座上，均一腿盘曲，一足下踏莲台，体态优美，面相长圆美慧，微露笑意。高发髻，眼神略微下视，身着通肩袈裟，内穿僧祇支。整体造型的审美趣味更接近五代宋初风格，呈现出更世俗写实的倾向，但仍属晚唐塑像上品。其风格特征的演变，值得观摩时仔细体会。

3-105

青莲寺下寺正殿文殊像

彩塑 高约 3.5 米 唐 摄影 / 刘晓曦

3-105

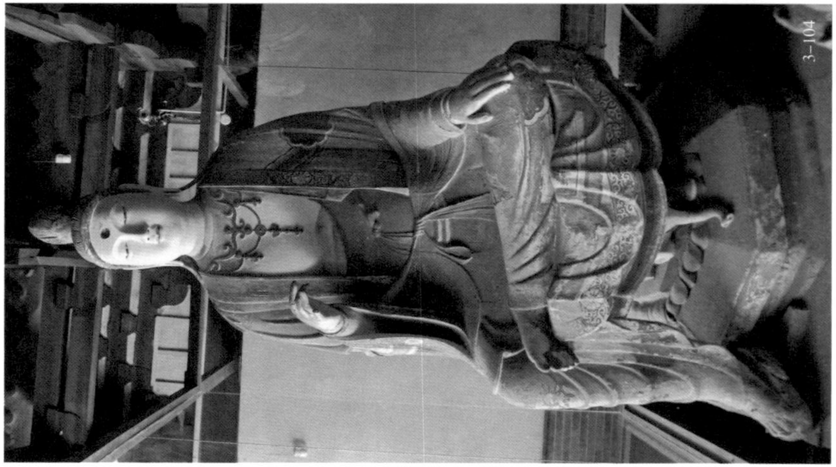

3-104

3-106
青莲寺下寺文殊头像
彩塑 唐 摄影／刘晓曦

3-107
青莲寺下寺正殿释迦牟尼佛像
彩塑 高约 3.9 米 唐 摄影／刘晓曦
该主尊最具艺术神采的是衣纹造型的表现处理，右肩半袒，形制上左合右开的袈裟处理与云岗露天大佛如出一辙。线条劲逸流畅，既有五代宋初那种劲圆沉浑的体量感，又不失曹衣出水式的轻薄通透之意，再配合整体较为修长的体态，具有非常古雅的初唐气息，为国内现存唐塑中少有的极品，堪称古青莲寺镇寺之瑰宝。

该殿最精彩的是主尊释迦牟尼佛的艺术造诣，虽为晚唐作品，但仍极具端庄劲严之气。该佛尊倚坐莲花宝台之上，高达 3.9 米，无背光。五官开脸双目平视，神情凝重庄严。左手扶膝，手势自然妥帖，颇具重量感。右手施无畏印，手势精劲灵动。（图 3-107）

而下寺南殿的那几尊有争议的作品，均是高水平的佳作，尤其是左右两尊结跏趺坐的文殊、普贤像。依笔者从造型艺术风格的观点判断，这两尊文殊、普贤像，较正殿内的那两尊公认的普贤、文殊唐塑，有更高的造型艺术水准和更古雅的唐风。这两尊塑像无论是体态还是五官开脸，均更庄重精严，面部表情更显端庄而少有妩媚，体态塑造健美结实，颇富力度，尤其是从左肩滑落腰际的飘带精劲顿挫的表现处理，加上更显古法的衣饰左合右袒的着装形制，这两尊艺术水平极高的古老塑像，不管其断代是唐塑还是宋塑，作品本身强烈的端庄健美之唐代风采都表露无遗，不愧是古青莲寺内最精彩传神之作，望读者参观古青莲寺时切莫疏忽。

自古民间流传"文青莲，武少林"之说，青莲寺不论上寺还是下寺均是目前未被充分重视的传统文化艺术宝库，尤其是寺内遗存的唐宋彩塑作品，堪称目前国内同时代雕塑艺术的顶级珍藏，如果说崇庆寺、法兴寺的罗汉圆觉像在少数艺术史专业人士眼中被誉为宋塑之冠，那青莲寺上寺释迦殿、地藏殿里的宋塑菩萨和十殿阎君塑像在造型艺术价值上可算是各有千秋。而就国内遗存不多的唐代单体彩塑而言，虽然莫高窟第 328 窟、45 窟的唐塑一直被主流中国美术史认定为唐代

3-107

雕塑艺术的最佳代表，但亲临莫高窟此二窟仔细观摩体验的笔者却难以认同主流美术史的评价。笔者的看法是，虽然山西省唐代彩塑名气远远赶不上莫高窟同时代的作品，但仅南禅寺唐塑作品的造型艺术水准便已在敦煌唐塑之上，尽管敦煌唐塑造型设色均未被后世重妆，原汁原味，殊为可贵，相比之下南禅寺更不为人知的青莲寺下寺唐塑，无论是释迦主尊及阿难、迦叶二弟子，还是文殊、普贤二胁侍菩萨的造型艺术水准，都上承北齐杨子华造型用线简练劲柔之韵，再传阎立本沉浑流畅的传神之意，虽说为立体的佛寺彩塑，却深蕴同时代卷轴绘画造型的上乘理趣，其高度专业的造型传神雕塑技巧，较更显民间意趣的莫高窟唐塑更胜一筹。读书万卷，更行路万里，唯有孜孜不倦，亲历亲见，才不至为盛名所掩。相信有志于传统寺观造型艺术探访之旅亲临青莲寺现场的读者，自会有真切的判断。

真正有无比魅力的顶级的传统唐风宋韵共存的彩塑，仅为晋城青莲寺所独有！

第四章

甘肃丝路石窟艺术

一 甘肃丝路石窟群艺术古迹概述

毋庸置疑，敦煌艺术在每个中国传统艺术爱好者的心中都有不可替代的崇高地位，甚至对于对它不甚了解的人而言，至少也是一个艺术神话。这样了解认识敦煌艺术，首先要了解古代中国的丝绸之路，才有助于理解丝绸之路上的一连串分布于河西走廊上的佛教石窟艺术。

最早提出丝绸之路这个概念的是19世纪德国地理学家李希霍芬，他于1877年在其著作《中国》一书中，第一次将这条古代中西方经贸往来和佛教文化艺术传播的神奇古道称为“丝绸之路”。而此人正是著名的中亚西域地区的瑞典探险家斯文·赫定的老师。在老师的专业影响下，斯文·赫定和斯坦因一样，终生未娶，成了西方世界最有影响力、具有承前启后作用的中西亚和中国新疆、甘肃丝绸之路地理文化遗迹的考古探险开拓者。斯文·赫定感兴趣的重点是丝路地理考古而不是收藏文物。然而斯坦因是从1900年开始，手持斯文·赫定绘制的西域新疆地区考古地图，从南疆到河西走廊，在古代丝绸之路上众多的古迹遗址中，收获了大量本属于中国的文化艺术宝藏……

就中国古代艺术而言，丝绸之路不仅是一个历史地理概念，而更应该是一个东西方文化交流融合的艺术概念 。因为佛教艺术正是从它在古印度的发源地，沿丝路上的石窟走廊，一步一步走向中国的中原内陆。在这个漫长的历史过程中，古印度、古希腊及中西亚文化艺术传统与中华文化艺术传统在以敦煌为中心的河西走廊上相聚、碰撞及交融，最终形成了中国乃至世界的敦煌石窟艺术。 然而佛教艺术的传播与交融并未停留在敦煌，那些沿窄窄的河西走廊向东分布的一座座屹立千年的石窟，构筑了石窟佛教艺术不懈东传的路标。

最早的石窟出现在印度。 在印度，早期的佛教并没有佛像崇拜，信徒仅仅雕造佛座、佛足印及菩提树来暗示佛的存在和睿智 。石窟开凿年代最早的为公元前3世纪的孔雀王朝时代。开凿石窟并对其精心修饰代表着石窟艺术传统的开始，经过逐步发展，石窟建筑出现了两种主要形制——佛殿石窟和经堂石窟。 这样的石窟让佛像与僧徒可以面对面静修感悟，这是一个很重要的变化。信徒们为了虔诚信仰的需求，往往会花费大量的物质财富与时间来创造佛陀的氛围和佛陀的形象，正是这种坚韧不拔的追求，推动了佛教石窟寺造像艺术的东传之旅。(图 4–1)

正是因为佛教切中了古代人们内心的痛苦，佛教之风才吹向亚洲各地，真正继承石窟艺术传统的只有阿富汗和中国的石窟 。阿富汗巴米扬石窟代表了印度石窟和犍陀罗艺术的完美结合，只可惜曾经世界最大的佛教石窟群和世界最高的古代立式佛像如今已经满目疮痍 。幸而，继承巴米扬石窟艺术传统的石窟寺开凿之风通过我国古代西域上的丝绸之路，从克孜尔到高昌，再经敦煌的碰撞交融，在佛教东渐的过程中，河西走廊石窟群在深厚的汉晋文化传统的基础上，大量吸收外来文化营养，最终在云冈、龙门成长为中国式的佛教石窟艺术。

在甘肃丝绸之路上的古代遗迹里，除了有闻名世界的敦煌石窟外，还有哪些值得观摩考察的重要石窟艺术遗迹和文化艺术古迹？它们之间有什么样的艺术风格联系？各自又有什么不同的艺术造型特点与审美趣味？而这些石窟群落，又如何影响了中原内地的石窟艺术风格演变？所有的这一切，都需要实地观摩以敦煌为代表的丝绸之路上众多的石窟艺术传奇。

河西走廊是对丝绸之路上甘肃省西北部地形的一个形象称谓。因其地处青藏高原、内蒙古高原和陇西黄土高原交汇处的狭长地带，背倚祁连山，北望贺兰山，在广漠的戈壁地形上分布有众多绿洲，自古以来便是丝绸之路上联结西域与中原内陆传统的经贸往来和佛教传播的主要通道，故有此称。“河西走廊”一词在文化历史意义上向来是甘肃的代称，而“甘肃”一词正是取汉唐时期河西重镇古甘州(今张掖)与古肃州(今酒泉)两地的首字而成。由王翰所赋著名的唐诗七言绝句《凉州词》——“葡萄美酒夜光杯，欲饮琵琶马上催。醉卧沙场君莫笑，古来征战几人回？”更是河西走廊千古风韵在中国文人和艺术家心目中的形象与意象。而凉州(今武威)正是在文化艺术内涵中还包括沙州(今敦煌)在内的河西四郡的代称 。王翰本人在唐代诗人中并不太有名，而《凉州词》却几乎妇孺皆知，正好似河西走廊上那些历经千年沧桑的石窟艺术，几乎没有人知道是谁创造了那么辉煌动人的艺术杰作，但这些古代珍品所承载的历史文化风采和深厚的艺术内涵，却吸引着无数的爱好者去参访敦煌这样的艺术圣地。从敦煌石窟一路向东，酒泉附近的昌马、文殊山石窟，张掖的宏仁寺大佛、马蹄寺石窟，武威的天梯山石窟，永靖的炳灵寺石窟，天水的麦积山石窟等等，石窟艺术东传之路一直走向云冈、龙门……

4-1
炳灵寺 11 窟壁画菩萨像
唐 摄影 / 刘晓曦

基于类似敦煌石窟这种拥有极大名气和处于严格保护状态的石窟遗址，所有最珍贵、最有造型审美艺术价值洞窟里的壁画和泥塑，均处于严密的保护之中，客观上很难做到实际有效的观摩。并且由于旅游经济的开发，上述石窟游人如织，也很难安静地体会其古朴悠远的历史气息 。鉴于国内相关艺术书籍对敦煌、麦积山这些著名的石窟艺术介绍比较充分，因此本章对河西走廊上各处石窟寺造像的介绍相对简要，重点从独立的角度分析讨论其在视觉造型审美表现方面的艺术价值，而不是讨论其在文化艺术史上的重要意义。下面将自西向东对甘肃丝绸之路上那些独具魅力的石窟寺造像艺术逐一介绍。

二 敦煌石窟艺术

敦煌石窟艺术，除了最著名的莫高窟，广义上的敦煌石窟还包括榆林窟、东千佛洞、西千佛洞和五个庙石窟。尤其是榆林窟和东千佛洞存有不少晚唐、西夏时期的壁画精品，很多艺术书籍里选取的敦煌壁画，均是出自榆林窟和东、西千佛洞。所以考察敦煌石窟，一定不要错过这两处精彩的遗迹，更重要的是这两处地理位置偏僻荒凉的胜迹游人罕至，是真正艺术爱好者的圣地。（图 4–2）

4–2
榆林窟第 15 窟壁画天王像
唐 摄影／刘晓曦

4-3
莫高窟第 249 窟壁画
西魏 图像引自朝华出版社 2000 版
敦煌研究院编《敦煌》第 27 页

如何观摩规模宏大、风格样式形制各异的敦煌石窟艺术，还是得从到敦煌看什么说起。在没有一定的中国古代艺术史以及中国古代绘画审美欣赏素养的背景和知识结构的支撑下，与观看像巴蜀石窟及山西古建寺观艺术系统那样毫无审美障碍的典雅优美写实性作品所不同的是，以敦煌莫高窟为代表的上至前秦时代（约 366 年），下至明清时期的年代跨度长、艺术水平良莠不齐的大量作品，很难让观者第一眼就体会到不同历史时期的审美风格变迁和最精彩典型的代表性作品之间的差异。

再者，以山西、巴蜀地区为代表的中原南方艺术古迹更多由唐末及宋元时期成熟写实风格作品构成，而敦煌石窟艺术构成中更多的洞窟却是唐和唐以前历代高古艺术作品。其作品总体审美面貌反映的是那种稚拙率真及毫无技巧雕饰的自然洒脱的艺术气质，如果不从艺术发展的上下文关系体察那种古拙随意的艺术风采，那么的确很难体会其艺术价值。（图 4–3）

其三，历史上敦煌虽然是河西门户重镇，但毕竟距中原中央王朝太远，交通不便，甚至像归义军时期敦煌基本上就是偏居一隅的独立飞地，而第一流的艺术匠师往往服务于中原内陆京师大都，流动到敦煌地区的匠师虽不乏技艺高超之人，但其总体艺术水平客观上是要逊色于中原地区不少。除了像山西寺观古建筑艺术系统保存下来不少当年的精品，中原内陆其他杰作早已荡然无存。因此，各个历史时期最精华的艺术作品是在中原内陆而不是河西的敦煌，只是敦煌独特的历史自然条件意外地保存了更多

4-4

珍贵的不同时期艺术风范，成为今天独一无二的艺术宝库。（图 4–4）

最后，参观敦煌石窟艺术，最重要的不是听发现藏经洞之类的传奇故事和看那些壁画上斑斓的色彩，而是要重点把握中国绘画史上唐代及以前卷轴绘画作品几乎不存，仅有不多的也多是传为某大家的后世摹本的现状，最大限度地参观体会唐代及更早的绘画真迹。而观摩留在壁画上的早期绘画真迹，正是敦煌石窟艺术最特别的魅力。虽然敦煌石窟中也有一流的雕塑作品，但依笔者个人观点，从北魏到隋唐，最高艺术水准的雕塑作品并不一定在敦煌，更不用说宋元时期的泥塑、石刻和壁画作品。这里特别澄清一个概念，本书在山西篇所说全国现存唐代泥塑共 70 余尊，其中 50 余尊全部在山西三个寺庙，而敦煌仅有近 20 尊的数量这一说法和很多艺术书籍上记载敦煌唐塑有 400 多尊严重不符。这两种说法的最大区别在于这不足 20 尊的唐塑仅是指有骨架内构的纯泥塑作品，而不是像莫高窟 130 窟南大像那样的石胎泥塑作品。河西走廊的许多石窟寺造像的山体质地为疏松的沙砾，因此多数会采用石胎泥塑的处理方法。尤其是大型造像，从巴米扬大佛到炳灵寺大佛、麦积山摩崖大佛莫不如此。

敦煌莫高窟精彩的唐代壁画，可以说是观摩敦煌石窟艺术的重中之重。因为从最早期的北凉到隋代开皇为止的绝大多数壁画，不论是人物还是环境的描绘，均处于“人大于山，水不容泛”这样早期绘画的稚拙状态，从用笔造型到敷彩上色，普通艺术学子很难感受到那种朴拙天真的审美意趣。而从隋开皇到唐朝一代，绘画的造型技巧转变异常突出，敦煌壁画的绘画成熟度一下由民间传统画工那种信笔涂画方式上升到具有专业技巧的士大夫画法风格。据谢稚柳先生在《敦煌艺术叙录》一文中考证，这一转变应该从北齐绘画名手杨子华的画格转变而来，缘由是东晋南朝延续的顾恺之式成熟写实的士大夫画风，也被北齐的杨子华所崇尚，而杨子华在北朝被推举为画圣，是经由他放弃北地民间传统画格，转而走向顾恺之风格的南朝路子。因此，从北朝的北凉到隋开皇时期，敦煌壁画那种稚拙简疏的率真意象风格，一直是一脉相传、波澜不惊。[12] 但从隋开皇以后到唐末及归义军时期，绘画风格突然向劲逸真实的写实转变，并产生了许多成熟精彩的唐代高水平壁画杰作，诸如第 57、112、156、329 窟这些造型表现精妙、

4–4
莫高窟第 159 窟壁画文殊变
唐 图像引自 Editons Vander S.A. *5000 ans d'art chinois Peinture 15 Les fresques de Dunhuang-tone 2* 第 133 页
莫高窟保存有众多初唐、盛唐、中晚唐绘画原作，让敦煌艺术辉煌灿烂的唐代绘画真迹成为全国绝无仅有的典范。

审美气息又有世俗化倾向的绘画杰作。

参观考察敦煌石窟艺术，最重要的是把握三个时期壁画、泥塑这两种艺术表现形式的不同造型审美风格特征，以便整体感受敦煌石窟的艺术概貌。这三个时期分别为北朝十六国时期艺术，隋唐时期艺术，归义军、西夏、元朝时期艺术阶段，而每个时期的艺术在壁画和泥塑上均有自己的时代性和造型审美风格特征，当然也包括石窟形制上的变化特征。

第一时期为北朝时期艺术，这个时段包括北凉、北魏、西魏、北周四个时代，独缺北齐时期的作品，而北齐时期正是酝酿敦煌壁画画风突变的时期。这一时期的壁画泥塑作品在造型处理上均呈主观写意的表现方式，造型用笔简练洒脱，色彩艳丽明快，线条生动奔放，运笔迅速，富于装饰性的韵律感。在西域佛教题材的表现上，其体现出浓厚的魏晋本土艺术所崇尚的那种稚拙率真的审美气息，代表性的洞窟有莫高窟 249 窟的西魏壁画和 275 窟的北凉交脚菩萨塑像。而这类造型古拙草疏、设色强烈明丽的北朝作品，正是被许多普通人认为“有什么好看的”那类高古放逸的早期敦煌石窟艺术风貌。（图 4–5）

4–5 莫高窟第 249 窟壁画局部

西魏

图像引自朝华出版社 2000 版

敦煌研究院编《敦煌》第 30 页

4-6
敦煌莫高窟第 57 窟壁画
水月观音像局部 初唐
图像引自 Getty Publications 2015 版 Roderick Whitfield, Susan Whitfield,Neville Agnew *Mogao at Dunhuang* 第 39 页

唐代的匠师们以高超的写实技巧、卓越的创造才能对人物形象、衣冠服饰、体态动势、外部特征、面部表情进行了概括而又深入的刻画，成功地创造了许多动态比例得当、衣饰华丽、体型健美、色彩灿烂、神态个性鲜明的艺术形象，它们成为雍容华丽、雄劲大度的唐风典范。

第二个时期是隋唐时期，这一时期以盛唐、中唐为代表的作品正是敦煌石窟艺术的精华。这一时期的作品经外来西方艺术写实性风格的启发和本土有文化修养的专业画家造型设色技艺的影响，逐步走向具有世俗化倾向的写实视觉表达。尽管隋开皇以后到初唐的一些作品在造型上还是显得稚拙单调和不协调，但这一时期新的审美风尚诉求，让唐代的泥塑和壁画日臻成熟与完美。在众多杰出的唐代洞窟作品中，壁画的精彩之作有莫高窟 112 窟中唐的反弹琵琶天女、57 窟初唐女供养人像、榆林窟 25 窟观无量寿经变之舞乐图等等。而泥塑作品则集中在莫高窟 328 窟、45 窟两窟标准唐制一佛二弟子二菩萨二供养或二天王这种七尊造像形制窟上。当然还有最为精彩的莫高窟盛唐 130 窟南大像和中唐 158 窟卧佛像，上述这些洞窟均是敦煌石窟艺术中最高水平的体现，有机会值得仔细观摩。（图 4–6）

4-7
敦煌莫高窟第 156 窟
《张仪潮统军出行图》局部　晚唐
图像引自 Getty Publications 2015 版
Roderick Whitfield,Susan Whitfield,Neville Agnew *Mogao at Dunhuang* 第 1 页

第三时期为五代、西夏和元朝时期。唐大中五年（851 年），敦煌地区设归义军节度使访所，五代属归义军张氏、曹氏。至曹氏归义军政权于 1036 年被西夏取代，在这近 200 年的时间里，敦煌基本上处于一个名义上为中原唐宋中央政权册封的地方政权飞地。（图 4–7）

这一时期敦煌艺术的造型审美特征大致为更趋于自然真实的现实主义倾向，同时期保存下来的泥塑作品较少，仅存莫高窟五代的 261 窟、宋初的 55 窟和西夏的 246 窟等少量彩塑作品，但它们在形体塑造上趋于僵化简单，渐失唐塑神韵。这一时期在壁画的表现处理上仍然有不少上佳作品存世，受中原五代两宋白描写实绘画之风影响，榆林窟西夏第 2、3、25 窟和东千佛洞第 2 窟所绘水月观音、文殊变、普贤变等作品，无论从人物造型、山石云气、线描赋色，还是结构布局、意境神韵上看，均是不可多得的绘画佳作。与此同时，受藏传密宗佛教艺术影响，西夏、元代不少作品均出现藏密绘画艺术的风格技法，著名的有莫高窟 465 窟的元代作品和榆林窟西夏第 4 窟的坛城壁画。

在大致分析了敦煌石窟艺术几个不同时期的造型审美风格特征后，下面笔者再分别对莫高窟、榆林窟和东千佛洞的重要壁画和泥塑作品做简要介绍。

（一）莫高窟壁画和彩塑

莫高窟位于敦煌市区东南方向25公里处的三危山下，是敦煌石窟艺术最辉煌宏大的代表。关于莫高窟的文化历史意义在此不再赘述，关于王道士和斯坦因的藏经洞传奇故事也在此不表。这里重点推荐最有造型审美价值的一些洞窟，就里面的精彩壁画和雕塑作品做简要评价，以供考察观摩时参考。（只是这些洞窟几乎均为特窟，参观难度不小。）

在壁画方面值得重点关注的有西魏的第285窟、249窟等非常有早期敦煌壁画特色和审美倾向的洞窟，这些富有装饰性、设色明丽强烈的作品，无论是人物造型还是山水、动物、花纹图案均体现了魏晋洒脱的简疏稚拙而又劲逸奔放的造型绘画风格，是西方佛教题材造型艺术传入河西走廊后与来自中原南方的魏晋审美风范的自然融合，留下了早已不存的中原南方魏晋绘画最典型的风格，其意义不言而喻。（图4–8）

而莫高窟最引以为豪的是那些唐朝时期极具艺术魅力的灿烂华丽壁画，毫不夸张地说，现存世海内外各大博物馆的唐代卷轴绘画作品，除了早期斯坦因、伯希和等人从敦煌藏经洞巧取的那些绢本、纸本佛画真迹，几乎均传为唐代的后世摹本。而国内高水平的唐代绘画原作，非莫高窟莫属，仅此一点，观摩莫高窟这些彪炳千古的唐代绘画真迹，是每一个热爱中国传统艺术赤子的莫大心愿，也是观摩敦煌艺术的最大价值和学术意义。（图4–9）

4–8
敦煌莫高窟第249窟窟顶西坡
阿修罗　西魏
图像引自朝华出版社2000版
敦煌研究院编《敦煌》第27页

4-9

4–9
莫高窟 220 窟壁画
初唐
图像引自 Getty Publications 2015 版
Roderick Whitfield,Susan Whitield,
Neville Agnew *Mogao at Dunhuang* 第 74 页

最值得观摩的有初唐的 57 窟、盛唐的 328 窟、中唐的 112 窟以及晚唐归义军时期的 156 窟等诸多拥有精美壁画的洞窟。比如第 57 窟的女供养人像，面貌娇美，用线劲逸婉转，轻松自如地表现了现实中略带羞涩、矜持美丽的少女形象。而以泥塑作品闻名于世的 328 窟，其墙面上的诸菩萨壁画，则尽显盛唐那种圆润劲逸的造型线条和富丽堂皇的雍容之气，实为唐代绘画的典范之作。而恢宏壮观的 156 窟《张仪潮统军出行图》，则是场面宏大、结构严谨、设色古雅富丽的绝世之作。（图 4–10）整幅作品高 107 厘米，宽 857 厘米，人物逾百，其中骠骑八十余，生动精彩地描绘了出行队伍旌旗飘扬及延绵浩荡的严整军仪和威武之师的雄风。而与之相对的壁面同位置的《宋国河内郡夫人宋氏出行图》表现出的，却是轻松欢快的气氛，和前者形成有趣的艺术对比，堪称莫高窟中画技高超、神采妙逸之双璧合一的绘画宝库。

在唐塑方面，最有艺术审美价值的塑像首推盛唐 130 窟南大像和中唐 158 窟卧佛像。这两窟大像可谓唐代石胎泥塑雕塑艺术的最高成就，国内罕见。130 窟南大像是莫高窟最引人注目的两尊唐代大像之一，与 96 窟更大的唐武则天时期证圣元年（695 年）高达 35.5 米但经清代重修后神采尽失的最大造像相比，26 米高的南大像完好地保存了盛唐的风骨原貌。尤为值得注意的是古代匠师为了把握狭窄空间内参拜大佛的真实视觉感受，非常有智慧地在塑造佛头时夸大其体积，坐高 26 米的大佛，仅佛头就高达 7 米，突破了正常视觉立七坐五的比例。虽然超出正常比例，但巧妙地解决了仰视时所造成的头小体大的透视误差，让观者在仰视时，仍能恰到好处地感受佛陀的庄严法相。这尊盛唐大像，虽体量巨大宏伟，却塑造表现得雄劲精严，毫无松散空乏之感，极度散发出盛唐之雍容大度气象，是体现唐代造型艺术最高水平的典范。（图 4–11、图 4–12）

4-10

4-10

敦煌莫高窟第 156 窟

《张仪潮统军出行图》局部 晚唐

图像引自 Getty Publications 2015 版

Roderick Whitfield,Susan Whitield,

Neville Agnew *Mogao at Dunhuang*

第 29 页

4-11
敦煌莫高窟第130窟弥勒坐像头部
石胎泥塑　头高7米　盛唐
图像引自 Getty Publications 2015版
Roderick Whitfield,Susan Whitield,
Neville Agnew *Mogao at Dunhuang* 第7页

4-12
敦煌莫高窟第158窟佛像
石胎泥塑　长15.5米　中唐
图像引自《中国国家地理》2007年11月号第10页　胡杨、吴健等
《沿着石窟的长廊佛走进了中国》
158窟长达15.8米的石胎泥塑卧佛，是开凿于中唐时期塑画合一的精妙之作。这尊卧佛欣然超脱的面部表情与自然劲逸的体态衣饰塑造表现达到了高度的形神合一。其在洞窟壁面、窟顶丰富多彩、富丽堂皇的壁画衬托下，成为莫高窟最具视觉艺术效果、最有代表性和完整性的塑画结合的石窟艺术极品，让人流连忘返、赞叹不已。

第45窟和328窟则是出镜率最高的盛唐泥塑洞窟。其拥有极高的知名度除了它们有典型的盛唐造型风格外，另一重要原因是328窟早年一尊精美的小型跪姿供养菩萨被华尔纳窃取至美国，现藏于哈佛大学福格美术馆。这两窟盛唐塑像均为纯泥塑作品，保持了相当完整的七尊共处一窟形制。客观地看，除了莫高窟这两窟唐塑知名度更高以外，真正要论其雕塑技艺在形体把握上的敏锐和气韵神态的生动自如，未必胜过山西南禅寺、佛光寺和青莲寺同类唐塑作品的艺术水准。虽然它们都是我国极为珍贵的唐塑杰作，但是如果有机会实地比较它们的艺术技巧神采，特别需要用独立的眼光去分析评判。（图4–13）

当然，莫高窟还有很多精彩的不同时期洞窟，但因参观条件的严格限制，只能在有限的时间和空间内观摩这些杰出的石窟艺术。但无论如何，最重要的是去独立发现打动每个人内心的最有感染力的作品，找到各自心中的敦煌。（图4–14）

4-13
莫高窟 45 窟胁侍菩萨及天王像
彩塑 盛唐
图像引自 Getty Publications 2015 版
Roderick Whitfield,Susan Whitfield,
Neville Agnew *Mogao at Dunhuang* 第 84 页

4-14
莫高窟 220 窟壁画帝王像
盛唐
图像引自 Getty Publications 2015 版
Roderick Whitfield,Susan Whitfield,
Neville Agnew *Mogao at Dunhuang* 第 81 页

（二）东、西千佛洞壁画

东千佛洞和榆林窟是敦煌石窟的重要组成部分，在世界壁画艺术集大成的敦煌壁画中，西夏的壁画约占总数的四分之一，并且艺术水准相当高超，足以和唐代壁画平分秋色。离莫高窟非常远的东千佛洞往往被参观者所忽略，如果是对敦煌石窟艺术进行专业的造型艺术考察，就一定不要漏掉技艺精湛的西夏壁画。

东千佛洞位置偏远，游人罕至，位于瓜州县东南 90 余公里处。洞窟开凿在河床峡谷两岸的崖壁上，与榆林窟的地形极为相似，在古代也是富有生机的河谷绿洲。现两岸崖壁共保存有 23 个洞窟，东崖有 9 个洞窟，分上下两层排列，有壁画、塑像的共 3 窟。西崖有 14 个洞窟，也分上下两层，有壁画、塑像的共 5 窟。现存以第 3 窟的西夏壁画属敦煌壁画晚期中最精彩的遗存，在国外享有比国内更高的知名度。（图 4–15）

西千佛洞相距东千佛洞较远，位于敦煌市西南方向的国道左侧，因地处莫高窟之西而得名。现存洞窟 16 个，大多为北魏时期开凿，目前其中 6 个窟对外开放。

西千佛洞较莫高窟和榆林窟的名气小很多，普通游客大多不会来此参观，而较专业的传统石窟探访，却一定不要错过此处古意盎然的敦煌石窟。西千佛洞虽然总体洞窟较小，体量也鲜有莫高窟较常见的大型中心塔柱窟，但其壁画、彩塑的形制与艺术风格却同属于莫高窟体系，也是敦煌艺术较重要的组成部分。

4–15
敦煌东千佛洞第 3 窟壁画
倚树天女　西夏
图像引自《中国国家地理》2016 年 1 月号第 82 页杨秀清、孙志军《神坛之外，敦煌壁画处处都是『萌萌哒』！》

这幅画中的天女手攀树枝，身姿窈窕妩媚，动态性感，服饰特殊，具有典型的印度艺术造型风格，和克孜尔千佛洞第 83 窟的月光王后动态姿势如出一辙，其丰满的胸部乳房表现和细腰宽臀的性感身姿，为国内壁画所罕见。究其原因，一是深受印度佛教艺术原型的影响，二是西夏民族没有汉族文化的伦理禁忌，这是在艺术考察中需要特别注意的文化背景差异。这幅画造型生动优美，设色明丽大方，线描轻松到位，五官特征既有藏密艺术影响，身姿动态又可远溯古印度和克孜尔壁画同类天女造型的表现特征，为观者提供了绝佳的多种佛教艺术风格东传融汇的经典范例。

西千佛洞现存的壁画、彩塑大多为早期北魏作品，虽然称不上有特别精彩的绘画造型水准，但其中一些由唐代补绘的壁画也有不少佳作，在相对安静的环境中欣赏那个时代古雅朴拙的佛教艺术，也是难得的视觉享受。

（三）榆林窟壁画和锁阳古城

榆林窟，俗名万佛峡，位于瓜州县城南方约76公里的踏实河两岸峭壁上，相对距东千佛洞不远。现保存有历唐、宋、西夏、元、清时期洞窟共43个，其中曹氏归义军时期的洞窟约占总数一半以上。整个榆林窟以唐和西夏时期壁画艺术最为突出，是西夏中后期壁画艺术成熟鼎盛的标志，在绘画艺术成就上毫不逊色于莫高窟的任何壁画，其精湛高超的绘画技巧和艺术风范，是敦煌石窟艺术中最有视觉说服力的必看精品。

榆林窟在洞窟形制上基本和莫高窟各个时代的洞窟形制相当，但洞窟中最精美的壁画，却可以视为敦煌石窟最精彩的壁画，除了闻名遐迩的西夏第2窟、第3窟，中唐的第15窟、第25窟更是唐代壁画中的精品。

以著名的中唐第25窟为例，这窟的作品在人物造型设色上与莫高窟同期112窟相当接近，其主题是宣扬大乘净土思想，主室幅面最大的南北壁，分别表现净土信仰的观无量寿佛经变和弥勒净土变，极其生动精彩地描绘了胡旋飞舞、莲花盛开的佛国极乐净土情景。该窟除了场面宏大、人物和自然景物描绘精细传神的经变画外，主室门两侧的文殊、普贤像也表现了相当高的绘画技巧，与山西平顺大云院的菩萨壁画造型极为神似，均可视为大致同一时期的最高水平。

而以第2、3窟为代表的西夏壁画，得益于崇尚佛学的西夏皇帝的重视。西夏皇帝曾多次下令修建敦煌石窟，除了早期有少数在莫高窟，大量最精美的西夏中后期壁画均集中在这里。这些窟里的经变图、说法图、水月观音图及窟顶的团龙藻井与千佛图都是不可多得的壁画精品。（图4–16）

观摩榆林窟壁画，尤其是西夏时期壁画，可以发现它除了继承敦煌壁画的主题和技法外，还吸收了北宋李公麟式的白描人物绘画技巧，画法用线劲逸游丝，水墨设色

淡雅古朴，造型写实自然，取得了敦煌壁画前所未有的一些成就，并为莫高窟和榆林窟元代壁画的某些技法风格奠定了深厚的基础。（图 4–17）

离榆林窟东北 30 公里左右的锁阳古城是一定不能错过的重要的汉唐历史文化遗址。虽然今天的古城不存一丝半点艺术作品，但其雄伟高大的唐代土夯城池和不远处的塔儿寺遗迹，依然无声地传递出苍凉古老的历史足音，不亲身踏上这片遗留在浩瀚戈壁上的城郭，就不足以体会唐代诗人们在丝绸之路上“春风不度玉门关”的边塞情怀。

4–16
敦煌榆林窟第 3 窟《唐僧取经图》
西夏 图像引自江苏凤凰美术出版社 2014 版敦煌研究院编《榆林窟艺术》第 165 页

该窟用白描手法描绘的《唐僧取经图》更显汉地造型风格，无论是水墨画法的山水背景，还是唐僧取经的画面——三藏法师玄奘合掌望空礼拜，孙悟空牵着满载佛经的白马的猴相，均与《西游记》中的描述没有两样，这也说明初唐发生的故事在西夏时就广为流传，像瓜州如此偏远的地区尚且如此，中原也就可想而知了。丝绸之路上的文化艺术交流融合，在此也得到充分体现。

4–17
榆林窟第 3 窟壁画文殊变
西夏
图像引自江苏凤凰美术出版社 2014 版敦煌研究院编《榆林窟艺术》第 158 页

锁阳古城为保存至今最完整壮观的盛唐军事要塞，其来历传说为初唐名将薛仁贵奉命西征，被困于当时名为苦峪城的该地。在外无援军、内无粮草之际，士兵们靠掘食城内外野生锁阳根茎度日，得以坚守到援兵到来并取得胜利，故此得名。而唐代的玉门关，就位于锁阳古城东北 30 公里的双塔堡一带。

锁阳古城最大的文化历史意义在于参观城东约 1.5 公里处的塔儿寺遗迹。因为这座佛塔和唐玄奘法师西行取经密切相关。据史载，玄奘于唐贞观三年（629 年）九十月间从长安辗转到了锁阳城，但碍于朝廷的封关禁令而无法北出玉门关，后来在一位胡人向导的帮助下从玉门关上游儿公里的葫芦河绕开玉门关得以西行天竺。并且玄奘取经载誉归来，在此等候朝廷指令的时候，在此塔寺内讲经说法。在离此塔寺不远的瓜州榆林窟、东千佛洞共有 6 幅关于玄奘取经的壁画记载这个故事，因此锁阳古城的塔儿寺之于敦煌，就等同于大雁塔之于西安的文化历史含义。（图 4–18）

4–18 锁阳古城塔儿寺夕照

摄影 / 刘晓曦

三 嘉峪关魏晋壁画墓

嘉峪关号称“天下第一雄关”，是教科书上所写的中国万里长城最西边的尽头。事实上这只是一种约定俗成的误会，因为沿 312 国道一直向西，直到新疆南部的公路两侧也不时会有汉代的烽燧遗迹一闪而过，中国古代的长城绵延西进，并未在嘉峪关就停下坚毅的步伐。

现在的嘉峪关建于明洪武五年（1372 年），因明代国力收缩，无力控制包括敦煌在内的嘉峪关以西广大河西地区，于是明代大破元军的征虏将军冯胜在此建关，希望以此抵挡蒙古瓦剌部的入侵。今天的嘉峪关城楼主要是在明代关楼的基础上修缮重建的，和北京的八达岭长城一样，并无太多欣赏价值。参观嘉峪关，最重要的活动在于观摩嘉峪关内的长城博物馆，内有大量丝绸之路上的文物藏品，确实值得一看。

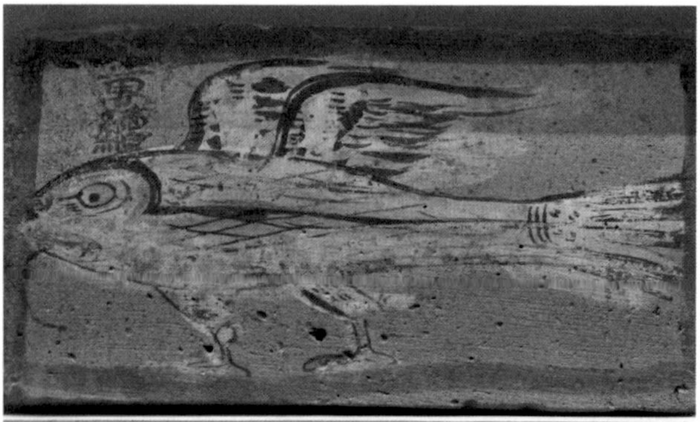

4-19

4-19 嘉峪关魏晋墓画像砖绘画 3—5 世纪 摄影／刘晓曦

嘉峪关南部曾经有具有高度艺术价值的文殊山石窟，可惜在“文化大革命”中被破坏殆尽，现已无法参观，幸好嘉峪关北面的新城魏晋画像砖墓保存完好，还可以体会敦煌北朝时期壁画那种信笔拈来、草疏奔放的率真画意，值得一看。

在嘉峪关广漠的戈壁滩上，散布着 1400 多座魏晋时期的古墓，并出土保存有大量墓壁内的画像砖。遥想当年此处一派繁华，今日已如此荒凉。这些墓葬大多由画像砖垒砌而成，这些散发着浓郁汉晋风格的画像砖，居然未受任何西域艺术的影响，从中体现出的是纯粹中原南方稚拙简淡的魏晋绘画风格，其强烈的纪实性和装饰性，有非常直观的南朝艺术审美风范。（图 4-19）

新城魏晋壁画砖墓群位于嘉峪关市东北 20 公里的新城乡和酒泉市西部 20 公里的丁家匣之间，是 3—5 世纪我国魏晋时期的墓葬群，在新城区建有魏晋壁画墓群陈列馆。

四 张掖和武威艺术古迹

（一）大佛寺（西夏彩塑、壁画）

张掖古称甘州，是甘肃河西走廊上重要的历史文化名城，公元前121年霍去病打败匈奴，汉武帝在此设张掖郡，欲以此“断匈奴之右臂，张中国之臂掖”。北朝五胡十六国时这里是北凉国都，隋朝改为张掖县，安史之乱后被吐蕃所占，敦煌归义军时期张掖又成为汉家重镇，五代时复为回鹘所占，如此争战直至元灭西夏、统一中原后才趋于平静。史称，马可·波罗曾在此停留一年之久，并赞当时张掖的万寿寺古建木塔为建筑奇迹，可惜现在的万寿寺木塔为清代重建，早已不复往日风采。

张掖最有价值的艺术古迹是市区内的宏仁寺，俗称大佛寺，建于西夏永安元年（1098年），是目前甘肃境内最大的西夏建筑遗存，也是我国唯一一座西夏时期的佛教寺院。西夏是党项族在中国西北地区建立的割据政权，与北宋、辽三足鼎立。历代西夏统治者崇信佛法，在西夏重镇张掖保存有如此宏伟壮观的西夏佛寺，也就可以理解了。

4–20 张掖宏仁寺卧佛局部

木胎泥塑 西夏 摄影／刘晓曦

卧佛虽体形硕大，造像比例却匀称适度。卧佛五官开脸古雅，双眼若开若闭，嘴唇欲启欲动，仿佛有『视之若醒，呼之则寐』的艺术神采，巧妙地表现了『寂灭为乐』的佛教净土境界。

大佛寺为面阔九间、进深七间的重檐歇山顶大殿，规格极高，为西夏时期皇家寺院，殿内的佛教艺术珍品为长 34.5 米、肩宽 7.5 米的木胎泥塑释迦牟尼巨像，是中国现存室内泥塑卧佛最大的一尊。该卧佛全身金装彩绘，气息富丽典雅，并无艳丽浮躁之气。该卧佛头枕莲台，侧身右胁而卧，右手掌心上托于脸下，左手心向下，平置于双腿之上。整个造像庄严宏伟，身体塑造方中带圆，简雅古朴，衣饰线条柔和自然，质地轻薄而富于装饰韵律。在佛头部和腿脚前，分别塑胁侍菩萨，身后则塑有阿难、迦叶等十大弟子立像，每尊高 5 米以上，弟子身后巨大的壁板上，绘有西夏壁画六方，均为西夏绘画杰作。（图 4–20、图 4–21）

4–21
宏仁寺羽人壁画局部
西夏 摄影／刘晓曦

4–22
天梯山石窟弥勒
大佛座像 石胎泥塑 北凉 摄影／刘晓曦

天梯山石窟虽然本身雕造技巧并不成熟完善，造型比例上也是那种稚拙天真的表现手法，但天梯山石窟造像所确立的那种宏大壮观、令人仰慕的宗教艺术表现方式，深刻影响了后来中原北方的石窟寺开窟模式，具有相当重要的承上启下的过渡地位，是了解河西走廊石窟寺如何生长发展的关键艺术佐证。

（二）天梯山石窟（五凉时期）

经张掖向东至武威，可停留参观武威博物馆和取道考察中原石窟鼻祖天梯山石窟。武威是一座有两千多年历史的名城和古丝路重镇，素有“通一线于广漠，控五郡之咽喉”之称，其名字源于汉武帝时汉朝军威到达了这里的宣扬。五胡十六国时，前凉、后凉、南凉、北凉均建都于此，故古称凉州。如此显赫的历史，加上历代统治者尊崇佛教，在凉州灿烂的历史长河中，鸠摩罗什、玄奘等一批高僧曾在此驻足，翻译佛经，弘扬佛法，传播佛教文化艺术。五凉时期，武威聚集了一批修建佛窟的能工巧匠，凉州高僧昙曜更是在主持开凿了天梯山石窟后，东下大同，又主持开凿了北魏皇家石窟寺云冈石窟，并为龙门石窟的开凿培养了一大批雕刻工匠。（图 4–22）

开凿于凉州的天梯山石窟，虽然名气不大，却被考古专家宿白先生誉为“中国石窟寺鼻祖”。天梯山石窟位于武威市东南 50 公里处的中路乡灯山村，创建于十六国时期的北凉，距今约有 1600 多年历史。宿白先生考察天梯山石窟后认为，新疆以东现存最早的佛教石窟寺在风格上都可以称为“凉州模式”，而天梯山正是凉州模式的代表。天梯山石窟建成后，后人依此陆续开凿了金塔寺、马蹄寺、文殊寺等石窟，在凉州模式的辐射作用下，河西走廊从西向东，从敦煌石窟到昌马石窟，再到麦积山石窟，简直就是一个石窟的走廊。（图 4–23）

观摩天梯山石窟，最大的意义在于直观感受天梯山石窟所继承的中亚巴米扬石窟佛像大型化风格模式如何在丝绸之路咽喉重镇凉州生根发芽，并在其后的年代里催生诸如炳灵寺石窟、须弥山石窟、云冈石窟、龙门石窟这样均以雕造巨像著称的中国本土化大像石窟。

4-23

4-23
天梯山石窟菩萨立像
彩塑 高约 1.8 米 唐 / 明
甘肃省博物馆藏 摄影 / 刘晓曦

五 炳灵寺及甘肃省博物馆

炳灵寺石窟是甘肃河西走廊上和敦煌莫高窟、麦积山石窟并称的三大石窟之一，莫高窟以壁画闻名世界，麦积山以泥塑扬名天下，而炳灵寺则以石雕著称于世。炳灵寺石窟也是考察石窟艺术风格发展演变的重要艺术物证，具有很高的观摩欣赏价值。炳灵寺分上、下二寺，历史上上寺是藏传佛教传派的领地，而“炳灵”正是藏语十万佛的意思，故而得名。今天上寺已荒芜，全部石窟艺术精华均在下寺。

炳灵寺坐落于甘肃永靖县刘家峡水库最西端的大寺沟内，需乘船前往。1964 年修建刘家峡水库而形成的人工湖面把炳灵寺积石山两岸的褐黄色砂岩、千峰林立的两岸山谷映衬得无比壮美，考察炳灵寺石窟，正好是乘船途中欣赏河西赤山碧水的视觉之旅。

炳灵寺开凿于西秦建弘元年(420 年),此后,历北魏、北周、隋唐、元、明不断有洞窟开凿，现存窟龛 185 个，大小石雕近 700 尊，泥塑 82 尊，此外还有唐代石雕方塔 1 座，泥塑塔 4 座，壁画若干，其中不少具有很高的艺术欣赏价值。

全寺最引人注目的是巨大的唐代弥勒坐像。这窟编号为 172 窟的泥塑大像，从造像风格来看为初唐作品，和敦煌 130 窟南大像相比，均为 27 米左右，但这尊为露天大佛巨像，令观者可以从不同远近的各个角度观赏其风采，而这是欣赏敦煌 130 窟南大像所不可比拟的。从艺术风格比较，这尊初唐巨像更多保留了来自天梯山石窟大像造型整体简约的气息，同时在衣饰形制左合右半袒的风格处理和极尽轻薄的衣纹雕刻表现上又深具云冈露天大佛的神采，只可惜近年的低劣修复让其顿失大唐的雍容风范。(图 4–24)

而石窟上方的 169 窟，则是炳灵寺最具有代表性的石窟。它是利用天然洞穴修凿而成的大型洞窟，洞口在高达 30 余米的崖面上，洞深 19 米、宽 27 米、高 14 米。内壁上绘有西秦风格的壁画，用线流畅，造型生动。正壁上下均有造像，上部主尊为高达 4 米的主佛，两侧多为较小的佛坐像，造型古朴，均为石胎泥塑。从风格上看，其是体会十六国西秦时期我国早期造像的佳例。而北壁除了庄重健硕风格的造像，龛侧墨书题记“建弘元年在玄枵三月二十四日造”，建弘元年即 420 年，此为中国石窟纪

4-24
炳灵寺弥勒佛坐像
石胎泥塑 高27米
初唐 摄影／刘晓曦

在保持古雅质朴的审美风尚前提下，该大佛总体造型把握得十分雍容自然，动态比例自然协调，没有丝毫笨拙牵强之感，表现出很高的造型审美控制能力，堪称艺术水准上仅次于莫高窟130窟盛唐弥勒坐像的大佛造像上品。此图为维修前原貌。

年题记最早者，具有很高的历史学术价值。

除了初唐弥勒巨像，石窟内还有相当精彩的盛唐石刻造像，以唐高宗永隆二年（681年）前后开凿的第50窟为最佳。这窟纯石刻观音造像颇有典型的盛唐风度，姿态生动，雕刻精湛，唐韵无穷，堪称炳灵寺最有艺术审美价值的造像作品。（图4–25）

第125、126、128窟等窟龛造像正是秀骨清像、褒衣博带的魏晋风格，由西秦时的庄重健硕，变为面部瘦削、眼小唇薄、脖颈细长、两肩下垂、大衣密褶倒“V”字下垂的典型北魏造型风格。

参观炳灵寺石窟，北魏及隋唐为主的石雕泥塑艺术非常醒目，西秦时期的早期壁画也因文化史的角度而备受关注，然而以第9窟、第11窟为代表的隋唐时期壁画以往并未受到太多重视。就绘画语言本体水平所达到的艺术高度而言，这几窟形制规模较小、造型水准专业成熟、用线松紧有度、设色古雅华丽的单体菩萨壁画也是炳灵寺最高艺术成就的代表。除此之外，第1窟内的唐代石雕舍利塔也是罕见的唐塔珍品。（图4–26、图4–27）

甘肃省博物馆是丝绸之路上最重要的博物馆，其丰富的藏品足以让任何对华夏传统文化艺术感兴趣的人沉醉其间。就本书侧重介绍的造型艺术角度而言，广义上属于造型艺术的彩陶堪称甘肃省博最重要最重量级的藏品，其数量、形制、类型和彩绘纹样的精彩程度国内均无出其右，但作为具象的造型艺术珍品，甘肃省博所收藏的大量彩陶俑和汉代铜奔马更是古代造型艺术珍品欣赏的典范。

甘肃省博物馆的镇馆之宝是家喻户晓的雷台汉墓铜奔马，俗称马踏飞燕。其不仅是我国旅游文化的标志，更是名副其实的汉代造型艺术极品。这尊铜马体量不大，造型轻盈劲健，

4-25
炳灵寺第50窟佛像
石刻 高约1米 盛唐 摄影／刘晓曦

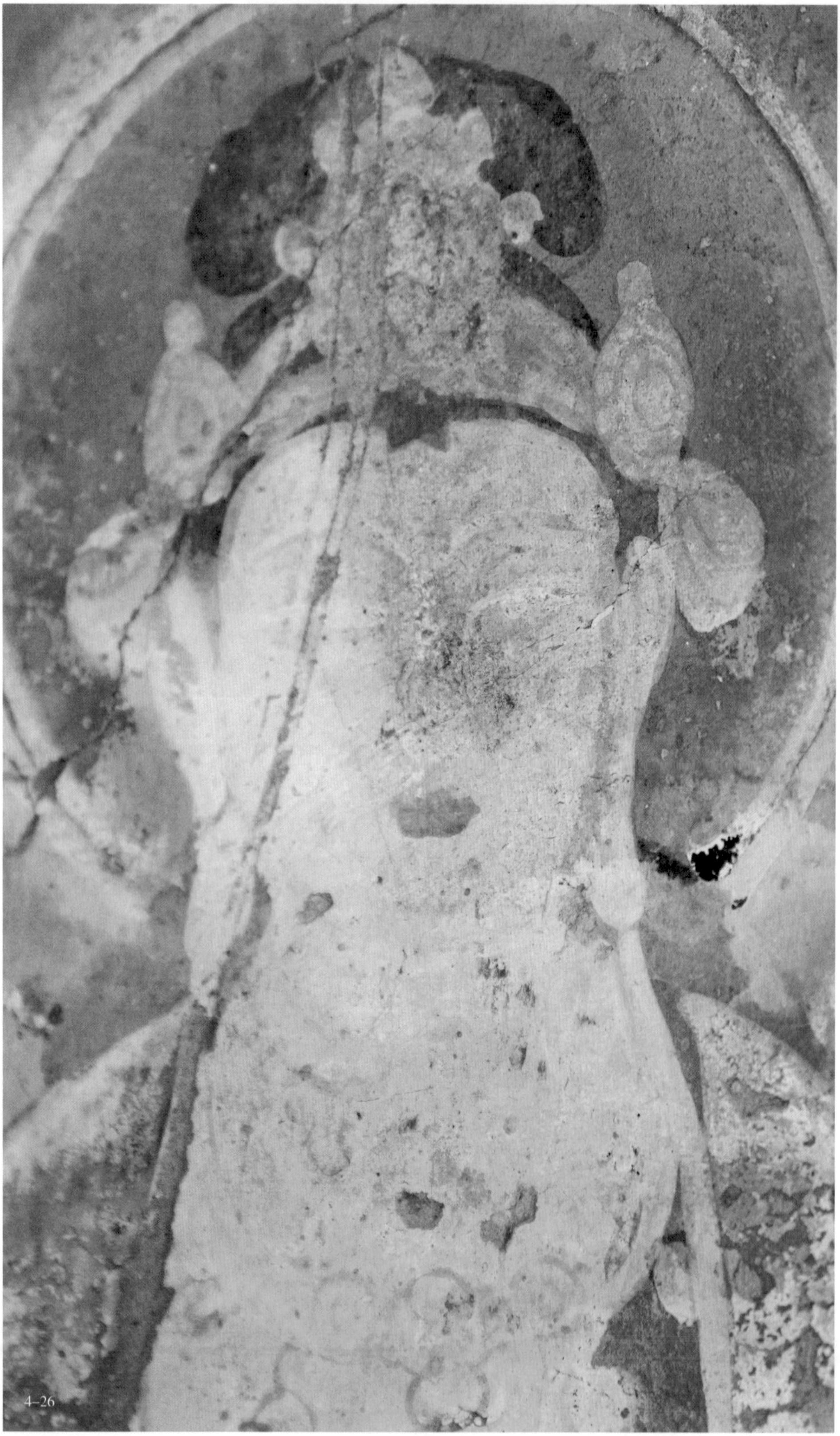

4-26

4-26
炳灵寺9窟壁画菩萨头像
隋 摄影／刘晓曦

4-27
炳灵寺11窟壁画菩萨头像
唐 摄影／刘晓曦

4-28

4-28
铜奔马
武威雷台汉墓出土 汉代 甘肃省博物馆藏 摄影／刘晓曦

4-29
胡人文官俑
彩陶 高约 0.5 米 唐
甘肃省博物馆藏 摄影／刘晓曦

4-29

虽然并未雕刻翅膀，但在四蹄奋腾之中却有凌空飞仙的奔放之势，在写实之中富于想象，于浪漫之间不失精严，以小见大，俨然是西汉时期华夏艺术自信奔放、乐观浪漫的精神再现。（图 4–28）

在甘肃省博众多唐三彩陶俑精品当中，除了一些知名度很高的陶马、陶骆驼及仕女俑之外，有一尊胡人俑当特别关注。此胡人俑不仅具有唐代同类型俑所共同具有的那些人种外貌特征和生动的神态表情，其造型所显现的高度专业的体态表情概括和精准个性化的五官塑造，也让人过目不忘，堪称少有的以形写神再现性陶俑极品。（图 4–29）

六　大象山石窟及拉梢寺石窟（唐、北周）

自古秦州多大佛，天水地区的麦积山石窟正因崖体上遗存有东西两处巨大的佛立像而闻名。的确，麦积山石窟灿烂的雕塑艺术太过耀眼，导致在天水甘谷和武山比邻而居的两处同样坐拥盛唐和北周大佛造像的石窟却在中国寺观美术史上并未受到应有的重视，其实这两处石窟的造型艺术水准堪称那个时代的标杆之作，只是到现在还不为普通的美术工作者所知。

从兰州向东去天水，甘谷是必经之路。就在甘谷县大街上，向南一望就可看到不远处的大象山上一尊大佛隐约可见。而这尊高达 23.3 米的唐代弥勒佛坐像，因为石窟本身缺乏相关的文献佐证，一直未被看重文献证据的美术史考古所重视。可是从造型艺术图像语言本体所达到的艺术水平来比较，如果有相关佛像造型视觉经验的眼光，如果亲身观摩比较过同类盛唐大型弥勒佛造像，无论是莫高窟著名的 130 窟南大像与 96 窟北大像，还是知名度稍逊的榆林窟第 6 窟唐代大像，还有炳灵寺唐代大像，甚至固原须弥山唐代大像，可以说就弥勒大像本身造型语言的成熟完善和保存完好度以及大像所蕴含的那种雄阔雍容的盛唐气魄而言，甘谷大象山这尊石胎泥塑的弥勒巨像，其艺术神采较龙门石窟奉先寺大像也毫不逊色。以笔者观点，甘谷大象山的盛唐大像，除弥勒佛像背后被明代重修之后的悬塑所代替的同代壁画，这尊大佛的造型艺术水准堪称盛唐大佛之最，更是甘肃丝路石窟里的石胎大佛翘楚。（图 4-30、图 4-31）

旧称大像山石窟是传统民间称谓，近年来经宗教文物专家考据，以佛典“乘象入胎”的典故，现已更名为大象山石窟。虽音同而意殊，实更准确反映了佛教文化的正源，愿大象山石窟的盛唐神采逐渐广为人知。

如果说站在甘谷县城街头抬头便可与大象山石窟的盛唐大佛偶然相遇，那身藏武山县北鲁班峡地貌奇异称绝的莲花峰上的拉梢寺北周摩崖大佛说法图则足以称得上中国古代佛寺摩崖造像的奇彩华章。其形制之独特、规模之宏大，所蕴含的文化艺术基因流变特征，恰好是佛教艺术自西渐东的重要视觉图证。

拉梢寺石窟准确地说是石窟群。除拉梢寺摩崖大佛说法图以外，还包括水帘洞石

4-30
大像山大佛
石胎泥塑 高23.3米 盛唐 摄影／刘晓曦

4-31
大像山大佛局部
石胎泥塑 高23.3米 盛唐 摄影／刘晓曦

4-30

4-31

4–32

4–32
拉梢寺摩崖大佛说法图
石胎泥塑浮雕　全高约 50 米
北周　摄影／刘晓曦

4–33
拉梢寺摩崖说法图壁画局部
北周　摄影／刘晓曦

4–34
拉梢寺摩崖大佛莲座动物浮雕
北周　摄影／刘晓曦

4–35
拉梢寺石窟外景
摄影／刘晓曦

窟和千佛洞石窟，三者均相距不远，共同位于巨峰绝世拔立、山下青翠环绕的峡谷之中，论地貌环境，其美善程度鲜为外人所知。早在北周秦州刺史李允信营造麦积山著名的第 4 窟七佛阁之前，前任刺史尉迟迥已在今天的拉梢寺巨岩上开凿遗存至今的大型石胎泥塑浮雕说法图了。尉迟这一姓氏为中亚胡姓，其主持开凿摩崖大佛，其造型艺术语言的风格模式便顺理成章地体现了来自西域中亚地区的图像模式。（图 4–32）

拉梢寺摩崖开凿的这壁巨型释迦说法图，形制独特，为一佛二胁侍，无天王弟子。主尊结跏趺坐于七层莲台宝座之上，两旁二胁侍菩萨各持莲花而立。从造型语言上看，该壁巨大的造像造型简约大方、塑绘结合。大佛和二胁侍五官开脸可能局部被后世所修改，但总体上仍然较好地保持了当年那种朴质率性、平淡稚拙的艺术手法。虽然造型技巧赶不上云冈大佛那样的精劲富丽且更具犍陀罗风格那样的西方化外表，但拉梢寺大佛及胁侍菩萨的面貌特征，却更接近于北方草原民族那样比较扁平的五官特征，这一点又正好和陇东地区北魏时期的南北石窟寺较为吻合。整壁说法图雕造于近 50 米高的崖面之上。如此大的体量采用浅浮雕塑绘结合的方式呈现释迦说法，在传统寺观造像中实属孤品。大佛的七层莲台宝座形制奇特，自下而上是九头立象、九只卧鹿、九头卧狮，以每层之间的仰莲相隔而成。最下层是双层覆莲，这种以狮象鹿图案组成的莲座造型样式，除了河北正定广慧寺花坛塔身部分有类似的表现手法，其渊源只能追溯至中亚地区的萨珊艺术。（图 4–33）

4–33

4–34

拉梢寺的这壁巨型说法图，佛、菩萨造型方中带圆，背光之后残存的北周时期壁画设色沉雅、用线率真，体现出北周造像那种质朴粗放而又充满异域情调的强烈艺术感染力。可惜最为奇特的莲座动物形象，本来是显示来自中亚文化影响的典型范例，但后世宋人却在其上开龛造像，让莲座的完整性遭到破坏，真是美中不足。但换一个角度看，这正是历代佛教信徒的虔诚宗教行为，佛教艺术正因此而传承不辍，况且这个局部宋塑本身也是很好的宋塑造像，在甘肃丝路石窟群里的宋塑造像中也是一流水平。（图 4–34）

4–35

拉梢寺摩崖造像堪称丝路石窟艺术中的奇葩。其主尊高达 23 米的巨幅造像，可能影响了随后在丝路上各处开凿大佛的石窟造像风气，从而在中华大地上掀起了兴建弥勒大佛的热潮。（图 4–35）

七　麦积山石窟艺术

麦积山石窟和敦煌莫高窟、龙门石窟、云冈石窟并称为中国“四大石窟”。与莫高窟的壁画相比，麦积山石窟以泥塑见长。这两个石窟分置于甘肃省的东西两端，在漫长的历史中各自散发出独特的光彩。（图 4–36）

4–36

麦积山石窟位于天水市秦州区东南 45 公里，因其突兀的山形像农家麦垛而得名。其开凿时期为十六国后秦时期（384—417 年），大兴于北魏，西魏时再修崖阁，北周李允信造七佛阁，隋开皇仁寿年间塑造摩崖大佛，后不断开凿修建，始成今日壮观的景象。

由于麦积山石质疏松，不宜精雕细凿，故古代匠师多采用泥塑来表现佛教造像，因此反而将麦积山造就为“中国古代雕塑陈列馆”。麦积山历史上因唐开元二十二年（734 年）天水一带发生强烈地震，崖面中间部分塌毁，现存仅东崖和西崖两部分。东崖现存洞窟 54 个，西崖有洞窟 140 个，保存有北魏至元明历代泥塑石刻 7000 余件，壁画 1000 多平方米。（图 4–37）

麦积山石窟艺术以历朝历代造型水平高妙的泥塑作品见长，比较有意思的一点是北魏、西魏、北周、隋和宋明时期均有相当多而且雕塑技巧、审美水平都很高的泥塑作品存世，唯重要的唐代作品要么是重修以前的遗作，要么几乎不存，据推测可能唐代作品相对集中在中间崖面，因地震坍塌而不存。

北魏时期代表性的石窟有 76、78、80、133 等窟，这一时期的塑造风格特点为主尊褒衣博带，衣领高耸，高鼻薄唇，面容清瘦，菩萨姿态生动，拈花侍奉，是北魏太和改制后深受南朝汉风影响的作品。

西魏时期代表性的洞窟有 44、123、127、135 等窟，这几窟堪称中国西魏时期最高水平的杰作。以 135 窟主佛和二胁侍菩萨石雕造像为例，佛作说法相，仪容端庄和平，

4–37

4–38

4–36 麦积山石窟外景 摄影／刘晓曦

4–37 麦积山第13窟摩崖大佛 石胎泥塑 高15米 隋／宋 摄影／刘晓曦

4–38 麦积山第135窟佛像 石雕 西魏 图像引自文物出版社1998版麦积山石窟艺术研究所编《天水麦积山》第173页

广袖悬裳的纹饰富于装饰性韵律。菩萨庄严秀丽，怡静感人。整组造像在相当简洁整体的造型上，用精严劲逸的雕刻技巧表现出金石般的顿挫节奏，极富古朴典雅的无穷韵味，无疑为麦积山最精彩的造像作品之一。（图4–38）

隋代的作品在麦积山也有相当突出的地位。比如东崖上最引人注目的第13窟摩崖大像，高达15.8米，为一佛二菩萨形制的大像。最有意思的是造像开凿于隋，其五官表现和体面动态都显示出隋代早期造像手法朴实、造型敦厚、整体形体扁平的风格特征；而宋代后来补塑的衣纹线条却劲逸婉转，精严流畅，表现出优美典雅的写实风韵，并且两者比较和谐地结合在一起，成为和西崖98窟摩崖大像有异曲同工之妙的例子。98窟北魏开凿的主佛和仅剩的胁侍也是在北魏稚拙敦实的造型风格上补塑有宋元优雅写实的衣饰褶纹。第 24 窟也堪称隋代塑像精品，其菩萨和佛弟子造像也是在保持隋代那种敦厚朴实的气质上，突破早期造像那种体型扁平、比例头大身小的失调之感，取而代之的是在体积饱满厚重的前提下，手法简洁概括，对五官衣饰的形体细节处理达到相当精练优美的程度，尤其是对雕塑作品的轮廓线圆雕式的全方位把握，让塑像在富有个性气质的同时又具有栩栩如生的艺术气韵，可以说达到了以形写神的最高境界。（图 4–39）

4–39
麦积山第 24 窟右侧佛弟子
泥塑 隋 图像引自文物出版社 1998 版麦积山石窟艺术研究所编
《天水麦积山》第 274 页

麦积山石窟备受关注的主要是北魏、西魏和隋代的杰作，这些总体审美倾向上追求魏晋风范的古拙隽雅、秀骨清像那种高古趣味的作品自然有高度的艺术价值表现，但是麦积山一些同样达到了相当高的艺术水平的宋塑，却长期被忽视，而这对麦积山石窟艺术的总体评价是不全面的。非常精彩的宋塑有第 4 窟部分、133 窟部分和 165 窟全窟。比如 133 窟宋代补塑的立佛和右侧弟了，姿态雄健庄严，气势大度不凡，衣饰褶皱线条劲逸深沉，起承转合疏密有致、虚实相生，体现出形神兼备的高超塑造境界，是有相当高的艺术水准的作品。（图 4–40、图 4–41、

4–40
麦积山第 133 窟
泥塑 宋 图像引自文物出版社 1998 版麦积山石窟艺术研究所编
《天水麦积山》第 86 页

4–41
麦积山第 165 窟右壁菩萨及胁侍供养
泥塑 高约 2 米 宋代
图像引自文物出版社 1998 版麦积山石窟艺术研究所编
《天水麦积山》第 285 页

165 窟宋塑一佛二菩萨二侍女供养的造像，体现了高度娴熟写实技巧的本土化、世俗化倾向风格的确立。这组宋塑从脸型、神情、身段，甚至服饰，都是鲜明真实的宋代贵妇丫鬟的传神写照，并且不仅是表面的写实，在这种塑造手法精炼生动，概括取舍有度的娴熟技巧中，蕴含着宋代审美特征中醇和典雅的精神气质。虽然五官处理中眼睛过分向上斜挑以及厚而极小的嘴唇表现了某种程式化趋向，却仍然表现出相当高的艺术审美和技巧，这些宋塑虽然在整体艺术审美技艺上离山西寺观的宋塑境界还有不小的距离，但在河西走廊石窟群中已极为珍贵，在艺术考察中值得加以特别关注。

4-41

4-42

4-43

4-42
麦积山第165窟左壁观音像
泥塑 高约2米 宋
图像引自文物出版社1998版
麦积山石窟艺术研究所编
《天水麦积山》第284页

4-43
麦积山第4窟天王像
彩塑 高约4米 宋 摄影／刘晓曦

4-44
麦积山第4窟窟顶天龙八部之一
北周 摄影／刘晓曦

4-45
麦积山第135窟佛坐像
彩塑 高约1米 北周 摄影／刘晓曦

4-46
麦积山第 123 窟童女像
彩塑 高约 1 米 西魏
图像引自文物出版社 1998 版麦积山石窟艺术研究所编
《天水麦积山》第 140 页

图 4–42、图 4–43）

此外，第 4 窟龛眉正壁上的北周塑绘结合的飞天壁画非常精彩且富于艺术表现特色，这些飞天除头部、上身和手臂是用浅浮雕表现的，身体其他部分和飘带都是彩绘而成的，别有一番艺术趣味。而麦积山石窟的北周作品也很有气格，以 135 窟内一尊北周小型坐像为代表，在具备北周造像那种庄严静穆之感上，深刻而含蓄地表达了一种对“极乐净土”的欢悦之意，实为北周时期造像所罕见。（图 4–44、图 4–45）

麦积山多达数千尊的历代雕塑造像，从北魏、西魏、北周、隋唐发展至宋明，充分体现了中国古代匠师在吸取外来艺术营养的基础上，采用简练概括的造型，运用多种造型手段，为表现中国人内在的精神和审美理想，创造出了这些优美生动、朴拙古雅的艺术杰作，并使其成为中国雕塑史上浓墨重彩的辉煌篇章。（图 4–46、图 4–47、图 4–48）

4–47
麦积山第9窟菩萨头像
彩塑 高约2.6米 北周/宋 摄影/刘晓曦

4–48
麦积山第9窟菩萨头像
彩塑 高约2.6米 北周/宋 摄影/刘晓曦

4–47

4–48

八 北石窟寺艺术（北魏、唐）

甘肃丝绸之路上的石窟群如果以麦积山石窟为基点，那么向西看过去一系列石窟皆脍炙人口。近处是拉梢寺、大像山石窟，然后是炳灵寺石窟，再经河西走廊的天梯山石窟，以至更远的莫高窟，陇东地区以西的历代石窟不仅知名度高而且也更受美术史的关注。然而，同样是丝路文化传播必经之路的陇东地区仍然有许多艺术价值和历代文化价值超群的非著名石窟，比如华亭县有北魏时期的石拱寺石窟，泾川县有王母宫石窟和南石窟寺，庆阳地区有规模较大的北石窟寺，华池县有保全寺石窟，等等。而这其中的佼佼者，非庆阳北石窟寺莫属。

北石窟寺位于庆阳市西峰区，开凿于泾河支流蒲河、茹河交汇的覆钟山下。北魏永平二年（509 年），征西将军奚康生因平叛杀戮太多，因而组织工匠在此开窟造像，并同时在泾州地区开凿南石窟寺。从南石窟寺现有的造像题材和风格上看，除了规模较小的以外，总体风貌与北石窟寺主窟 165 窟如出一辙，正好印证了历史记载。（图 4–49）

北石窟寺 165 窟是一窟规模宏大、气势撼人的重量级北魏石窟造像，除云冈石窟外，可能仅有龙门石窟的宾阳洞与之相仿。窟内七尊高约 8 米的过去七佛身着褒衣博带式袈裟，两旁胁侍菩萨面庞清秀、笑意盈盈。和云冈石窟诸大佛高鼻硬朗的犍陀罗式造型风格迥然不同的是，165 窟气势宏伟的过去七佛整体造型敦实质拙，方中带圆，五官扁平，极具北方草原民族醇厚朴实的神采气息，实为普遍西域化北

4–49
北石窟寺 165 窟过去七佛造像
石刻 高约 8 米 北魏 摄影 / 刘晓曦

4–50
北石窟寺 165 窟过去七佛造像
石刻 高约 8 米 北魏 摄影 / 刘晓曦

4–51
北石窟寺 165 窟普贤像
石刻 高约 3.7 米 北魏 摄影 / 刘晓曦

4-52

魏造型风格中的特殊样式。有趣的是，骑象普贤形象最早出现在云冈石窟，而 165 窟窟门左侧的骑象普贤神态温和、嘴角含笑，具有非常亲和的魅力。（图 4-50、图 4-51）

北石窟寺除了大量的北魏石窟造像，可能更有艺术价值的是唐代的石刻造像。以 32 窟为例，尽管这些菩萨弟子头已不存，从颈部以下躯干衣饰的处理来看也是典型的盛唐精品。这些唐代造像的比例匀称、姿态微妙、衣纹简洁流畅，于时代的气息风格中又体现出造像者收放有度的专业雕塑技巧，形神兼备，其艺术神采绝不在莫高窟 45 窟之下。（图 4-52、图 4-53）

隐藏在陇东黄土塬里的北石窟寺，平日里游客稀疏，然而长约百米的岩壁上开凿了近 300 个龛窟，远远望去颇有莫高窟西崖的神韵，驻足细品北石窟寺的各处造像会让人惊叹陇东地区原来还有这么出彩的大型北魏及盛唐石窟宝库。（图 4-54、图 4-55）

4-52
北石窟寺32窟造像
石刻　高约2米　唐　摄影／刘晓曦

4-53
北石窟寺26窟释迦像
石刻　高约2.6米　唐　摄影／刘晓曦

4-54
北石窟寺摩崖造像龛
北魏　摄影／刘晓曦

4-55
北石窟寺石碑及摩崖造像
摄影／刘晓曦

第五章

中国其他重要艺术古迹巡礼

本书前面三章较为详细地介绍了巴蜀石窟石刻艺术、山西古建寺观艺术系统和甘肃丝绸之路石窟群这三个地域方向具有横向和纵向联系的古代造型艺术，但仍有一些相当重要但位置相对分散的古代造型艺术遗迹并没有包含其中。为了更全面地体现中国古代造型艺术的辉煌成就，但也并非做大而空洞的资讯指南，在本章再扼要介绍一下非常有代表性和高度造型艺术价值的古迹，以供传统造型艺术爱好者找机会进一步比较观察。

对于在这一章里扼要推荐的艺术古迹，还是分为石窟艺术、古建艺术系统和帝陵神道造型艺术三个小节分类加以介绍，以其各自不同的媒介材质和艺术表现手段来突出其在各自领域的艺术成就。

一 石窟艺术

（一）钟山石窟（北宋）

在认识以钟山石窟为代表的陕北宋、金石窟群落以前，关于中国传统石窟寺观造像的主流看法大致有两个方面的误区。其一为唐末安史之乱以后，中原北方少有大规模开凿造像的风气，中原地区的寺观造像从唐末五代更多采用泥塑、木雕的表现方式，至宋代更是蔚然成风。在主流石窟艺术话语里，长江以北的中原大地上罕有成规模的宋、金时期石窟造像。其二为公认两宋时期巴蜀石窟造像成为中国历史上最后一次造像高峰，而大足石刻作为巴蜀石刻的名片，代表了宋代石窟造像艺术的最高成就，其名气之盛也远远盖过了更具造型艺术价值的安岳石窟。然而笔者近年来偶然探访到的陕北北宋石窟造像，以钟山石窟为例，其造型艺术价值之高度与安岳石刻最高的水准相较亦不分伯仲且其形制独特富丽，连巴蜀石刻也无相近的形式。其知名度之低更是鲜见于专业的石窟艺术典籍，本书在此特别推荐陕北钟山石窟的高度艺术成就，并认定其造型艺术价值应居于历代石窟艺术最高水准之列，实地观摩钟山石窟那些巧夺天工的宋代造像足以让人对宋代石窟甚至中国石窟的发展史产生全新的看法与认识。（图 5-1、图 5-2、图 5-3 ）

5-1

5-1
钟山石窟第3窟供养菩萨
彩绘石雕 高约1.6米 北宋 摄影/刘晓曦

5-2
钟山石窟第3窟佛龛中央造像
彩绘石雕 北宋 摄影/刘晓曦

5-3
钟山石窟第3窟全貌
彩绘石雕 北宋 摄影/刘晓曦

5-2

5-3

钟山石窟位于陕西省子长县西15公里安定镇附近的钟山山峦，始建于东晋，又名普济寺、万佛岩，又因该石窟寺内超凡脱俗的壮丽开窟造像，故也称石宫寺。钟山石窟根据历史记载历经唐、宋、元、明、清等千余年开凿而成，曾经是中国西北佛教重地。其总共有18窟，现已发掘5个石窟，其中以主殿第3窟的石雕造像保存最为完整，堪称钟山石窟的精华。我国目前有不少非著名的寺观造像艺术绝品珍品，只因缺乏具体可靠的文献佐证，其在美术史上被关注的程度很低，相关理论研究也缺乏热情，但这并不妨碍艺术家用眼睛去欣赏和研究它的视觉造型艺术价值，而钟山石窟3号窟石

5-4
钟山石窟3窟廊柱浮雕造像
彩绘石雕　北宋　摄影／刘晓曦

5-5
钟山石窟3窟迦叶侧立像
彩绘石雕　高约2.2米　北宋　摄影／刘晓曦

5-6
钟山石窟3窟左胁侍菩萨及迦叶像
彩绘石雕　高约2.2米　北宋　摄影／刘晓曦

雕造像以其独步于中国石窟的殿堂廊柱形制（有别于中心塔柱形制）的罕见开窟样式，以三世佛龛为主佛坛，殿内廊柱及四壁遍布密如蜂巢的万佛小龛和小型说法龛，让整窟石宫造像规模宏伟、富丽壮观。其构图布局之繁复巧妙，体量空间之高大，佛、菩萨雕造之出神入化，即使安岳石窟中的近似者华严洞也自叹弗如。按常理来说钟山石窟如此精妙磅礴的造像成就，如果没有皇家级的供养资助，断不能如此宏伟。且钟山石窟的造型风格非常接近西夏统治时期的榆林窟第3窟高度成熟的白描造型样式，其开窟时间与地点正好处于宋和西夏的交战时期与地域，笔者推测钟山石窟或许与西夏崇佛的皇室有关。（图5-4、图5-5、图5-6）

仅就视觉成就而言，第3窟的造像无疑具有很高的汉地宋代写实特征，从三组佛像的主尊弟子、胁侍菩萨五官造型和微妙动态来看，个个性情分明，神态各异且富于内心表现，从这点上看与山西顶级宋代寺观彩塑不相伯仲。而现存的两尊胁侍菩萨和一尊完整的供养菩萨，不论是容貌体态还是帽冠发髻和衣饰璎珞，又更具唐塑特征，可以说唐风卓著。钟山石窟三世佛塑造也颇为特殊，其表现的并不是通常石窟造像中的过去佛、现在佛和未来佛，而是释迦牟尼佛自身的三世化身，因为每龛主尊前的弟子都是阿难和迦叶，所以钟山石窟内的三世佛组合中就同时出现了三尊阿难与三尊迦叶像。宋代的寺观造像是得

5-6

5–7

5–7
钟山石窟未来佛佛龛
彩绘石雕 高约 4 米 北宋 摄影／刘晓曦

5–8
钟山石窟第 3 窟过去佛造像
彩绘石雕 高约 4 米 北宋 摄影／刘晓曦

我国目前有不少著名的寺观造像艺术绝品珍品，因缺乏具体可靠的文献佐证，其在美术史上的关注度很低，相关理论研究也缺乏热情，但这并不妨碍艺术家用眼睛去欣赏和研究它的视觉造型艺术价值。宋代寺观造像得益于当时卷轴绘画领域对现实既精准入微而又追求内在理趣的审美精神。钟山石窟内这组造像精妙传神、布局奇妙壮观、妆彩富丽古雅的绝世石窟造像，堪称中国古代写实造型艺术的最佳典范。

5–9
钟山石窟第 3 窟胁侍菩萨及阿难像
彩绘石雕 高约 2.2 米 北宋 摄影／刘晓曦

益于当时卷轴绘画领域对现实既精准入微而又追求内在理趣的审美精神，因而华夏大地上创造出了大批比肩西方写实高度的传神之作。如果南方的宋代寺观艺术成就以安岳石窟为代表，那么北方写实造像巅峰，除了法兴寺、崇庆寺宋代彩塑之外，钟山石窟内这组造像精妙传神、布局奇妙壮观、妆彩富丽古雅的绝世石窟造像，堪称中国古代写实造型艺术的最佳典范。只是如此顶级的古代艺术珍品，目前并未受到美术界的关注，这正是笔者将钟山石窟列于本章之首的原因。（图 5–7、图 5–8、图 5–9）

（二）
龙门石窟（北魏、唐）

龙门石窟是中国著名的四大石窟之一，位于历史悠久的九朝古都洛阳。考察中国的石窟造像艺术，如果不了解龙门石窟的历史缘由和造像风格演化，就很难全面体会和把握石窟艺术从北魏的云冈石窟通过中原的龙门向国内其他地方演变发展的脉络。

龙门石窟最早草创于北魏孝文帝太和十七年（493 年）迁都洛阳前的几年时间，据现存龙门古阳洞内最早的造像碑刻记载，时间在太和十二年（488 年）。从北魏至宋金共开窟龛 2300 余个，造像 10 万余尊，碑刻题记 2800 余块。这些洞窟分布于伊水河两岸的崖壁之上，南北长达 1 公里左右。

龙门石窟历史上大规模开凿洞窟的活动有两次。一次是北魏孝文帝及以下三帝，共 35 年，尚属草创时期；另一次是唐太宗及以下四帝，共 110 年，其中奉先寺卢舍那大佛露天摩崖大像，成为龙门石窟标志性艺术成就。（图 5–10）

龙门石窟大都利用天然溶洞稍加扩展而成，因而没有敦煌和云冈石窟中的那种中

5–10

5-10
龙门奉先寺大佛
石雕 主尊高约17米 唐 摄影／刘晓曦
这组盛唐造像气势恢宏、雍容富丽、追求形神兼备的审美风格，是从北朝云冈石窟理想化意向造型风格向后世世俗写实造像风格过渡的重要代表，也是佛教石窟艺术向本土化演进的典范。

5-11
龙门奉先寺胁侍菩萨像
石刻 高约12米 唐 摄影／刘晓曦

心塔柱窟，此为其石窟形制上的一大特点。窟室平面多呈马蹄形，个别呈方形，窟顶也没有敦煌石窟那样的覆斗式天花，而是稍作雕饰的平顶形式。

北魏时期的龙门石窟艺术风格在民族融合的过程中，体现出明显的从云冈平直刀法向龙门圆厚刀法的过渡趋势，并且从云冈奔放粗犷、概括洗练、富于理想的神秘韵味向龙门更精细更写实的艺术风格过渡。其北魏时期最精美的艺术杰作——宾阳洞内肃穆沉静的大型浮雕《帝后礼佛图》于20世纪30年代被盗凿，现分别藏于美国纽约大都会博物馆和堪萨斯城纳尔逊·阿特金斯艺术博物馆。以宾阳洞为代表的北魏造像展现了北魏晚期至唐代最具规模的精美石刻艺术，是考察龙门石窟最重要的内容之一。

唐代是龙门造像时间最长、规模最大、题材内容最丰富的重要时期，在武则天执政时期（684—704年），龙门开窟造像热潮达到顶峰，也是龙门石窟在规模和艺术成就上的鼎盛时期，其中以上元二年（675年）完工的奉先寺卢舍那大佛像龛为代表。大佛像龛群布局为一佛二弟子二菩萨二天王二力士二供养人的最高规格。这组盛唐造像气势恢宏、雍容富丽、追求神形兼备的审美风格，是从北方云冈理想化意向造型风

5-12

5-12
龙门奉先寺力士像
石刻 高约 10 米 唐 摄影 / 刘晓曦

5-13
龙门奉先寺卢舍那大佛头像
石刻 高约 4 米 唐 摄影 / 刘晓曦

5-14
佛坐像
青石石雕 高约 1.5 米 唐
龙门石窟研究院藏 摄影 / 刘晓曦

格向后世世俗写实造像风格过渡的重要代表，也是佛教石窟艺术向本土化演进的典范。（图 5-11、图 5-12 ）

总之，龙门石窟造像艺术在中国石窟艺术发展史上占有极其重要的地位，其在艺术风格上发展变化的本土化世俗写实倾向，是观摩龙门石窟艺术成就时所要把握的重要因素。（图 5-13、图 5-14）

（三）巩县石窟（北魏）

河南巩县（今巩义）石窟是典型的规模、名气不大，但艺术地位和成就都相当高的北魏时期代表性石窟。巩县石窟位于河南中部，石窟寺在北魏时名为希玄寺，南临洛水，北依大力山。现共保存有 5 个窟，3 尊摩崖大像，1 个千佛龛和 200 多个摩崖造像龛。石窟群南向平列，可分为东西两区。其开窟造像历北魏、东魏、西魏至唐宋，虽规模数量较云冈、龙门为少，但在雕刻艺术上却有相当高的价值，是研究中国石窟艺术不可或缺的重要环节。（图 5–15、图 5–16）

巩县石窟的最高艺术成就体现在最精美的第 1 窟《皇帝礼佛图》上。这是目前国内石窟中绝无仅有的孤品。其构图分三层，东边是以皇帝为首的男供养人行列，西边是以皇后为首的女供养人行列，浮雕方中带圆的雕刻造型风格和极富韵律的形体层次组合，展现了典型北魏时期造像风格和皇家宗教活动盛况。石窟内其他造像的风格也多为方圆脸型，雕刻题材除北魏常见的题材外，还有礼佛图、神王、怪兽等浮雕，都为其他石窟不多见。而除第 5 窟外，其他 4 个窟均有礼佛图浮雕，从巩县石窟距北魏国都洛阳不远，而各窟又有《皇帝礼佛图》的存在，以及窟内外雕刻结构的精美完整来看，实足以说明该石窟寺诸窟均为北魏世宗以后诸帝所造。（图 5–17、图 5–18）

所以巩县石窟规模

5–15
巩县石窟摩崖大佛
石刻 高约 8 米 北魏 摄影／刘晓曦

5–16
巩县石窟第 3 窟飞天像
浮雕 高约 0.8 米 北魏 摄影／刘晓曦

5-16

5-17

5-17 巩县石窟第1窟皇帝礼佛图
浮雕 层高约0.5米 北魏 摄影/刘晓曦

5-18 巩县石窟第1窟佛造像
石刻 高约3米 北魏 摄影/刘晓曦

5-19 巩县石窟第1窟窟顶藻井飞天
浮雕 约0.8平方米 北魏 摄影/刘晓曦

5-20 巩县石窟第3窟中心柱佛龛帷幕飞天
浮雕 高约0.8米 北魏 摄影/刘晓曦

5-18

5-19

5-20

虽小，但雕刻精美丰富，艺术成就极高。它虽是直接继承云冈、龙门之后的作品，但富有创造性，自成一家。其艺术品位优雅古朴的《皇帝礼佛图》为北魏石窟艺术珍品，并证实了石窟和北魏皇室的关系。云冈、龙门、巩县石窟，其实都是北魏一代集皇家人力物力开凿的高水平石窟，起于大同云冈，继以龙门宾阳洞，终结于巩县石窟寺。只有把握这一脉相承的三处石窟造像的艺术联系，比较观摩，才能完整了解北魏时期石窟造像艺术的前因后果和发展历程。（图5-19、图5-20）

5-21

（四）响堂山石窟（北齐）

北齐是中国历史上一个短暂却创造了伟大艺术成就的时代，而响堂山石窟正是北齐石窟造像艺术的巅峰。不了解响堂山的石刻造像艺术，就很难理解北魏时期的造像风格如何在北齐时期发展孕育之后产生了灿烂辉煌的隋唐造像艺术。

在邯郸市西南峰峰矿区的鼓山上，有大小石窟16个，造像4300余尊。因石质坚实细腻，谈笑拂袖时洞窟内铿锵有声，故得名“响堂”。石窟集中于鼓山的南部和中部，故分别称之为“南响堂山石窟”和“北响堂山石窟”。

响堂山石窟开凿于北齐年间（550—577年），因文宣帝高洋笃信佛教，在往来于邺都（今临漳）和晋阳（今太原）两地途中，择山清水秀、景致优美的地段，兴建行宫和石窟，在开发天龙山石窟时，也开凿了响堂山石窟。（图5-21、图5-22）

20世纪20年代，响堂山和天龙山石窟遭到了最为严重的盗凿，这些中国古代精彩高妙之作，现被收藏于欧美各大博物馆，其中响堂山有33件精品流失于英美九个博物馆。今天的响堂山石窟早已不存昔日的光辉荣耀，南响堂山经抗日战争的劫难，

5-21
响堂山石窟第6窟窟门雕饰及胁侍像
石刻　北齐　摄影／刘晓曦

5-22
响堂山石窟菩萨头像
石雕　尺寸不详　北齐
纽约大都会博物馆藏　摄影／曹敬平

5-22

5–23

响堂山石窟第2窟中心柱胁侍像

高约2米 石雕 北齐 摄影／刘晓曦

5-24
响堂山石窟第 2 窟佛龛座神兽石刻
高约 0.7 米　石雕　北齐　摄影／刘晓曦

5-25
响堂山石窟龛楣帷帐及火焰纹雕饰
浮雕　北齐　摄影／刘晓曦

石窟遭到很大破坏，唯石窟残存形制与内外雕饰还体现出与天龙山一致的风韵，反映了北齐建筑特点与中西艺术交流的特征。

北响堂山现存有九个石窟，造像也是缺头断足，但总体保存相对完好，尤其以第 2 窟大佛洞最有艺术欣赏价值，现存造像也比较完整。该窟佛像形态生动，面容丰润，躯干壮实，服饰宽松，衣褶厚实，更多体现了中国石窟从北魏古雅理想的意象造型风格向自然写实的审美倾向变化的过程。尽管历经劫难残缺不堪，但从这些石刻造像中流露出来的那种精美超然之审美气度，足以再现北齐艺术的魅力风采。（图 5–23、图 5–24）

以往讨论响堂山石窟艺术，重点往往在于流落海外的佛头及单体造像，其实响堂山石窟窟门及窟壁的浮雕装饰纹样，同样是具有极高艺术价值的北齐珍品。这些雕造于坚硬花岗岩上的火焰纹、忍冬纹、联珠纹及菱形纹样，不仅见证了北齐皇室对于西域文化艺术的推崇与喜爱，单从浮雕艺术的角度看，这些作为佛窟环境装饰的华美浮雕，布局疏朗，节奏明快，于精巧细腻的刀法中又透出富丽雄劲的气度，其艺术感染不仅在于浓郁的异域风情，更是北齐时期艺术风格自信开放、兼收并蓄的绝佳体现。（图 5–25）

（一）蓟县独乐寺（辽构、辽塑）

在中国遗存不多的最古老木构建筑中，除了山西唐代的南禅寺、佛光寺保留有完整的泥塑、彩画系统而成为罕见的古建遗珍，年代上略逊于上述二寺的天津蓟县独乐寺也以其精美完整的古建艺术系统而出类拔萃。

独乐寺建于辽统和二年（984 年）。该寺相传建于唐初，玄宗时，节度使安禄山曾在此誓师反唐，因其“思独乐而不与民同乐”的话语而得名。现存辽代遗物仅山门和观音阁，其他皆明清所建。（图 5–26、图 5–27）

5–26

山门和观音阁均是颇具唐风的伟大建筑艺术珍品。其山门坐北朝南，面阔三间，进深二间，内有辽塑哼哈二将，造型独特威猛，劲健有力，充分体现了游牧民族那种彪悍勇武之气，是相当精彩的辽塑佳作。而山门建筑木构本身斗拱雄大，布置疏朗，柱身不高，侧脚明显，支撑着坡度平缓的单檐庑殿顶，出檐深远，与南禅寺大殿极为神似，充分展示了高度的唐代建筑艺术风采。（图 5–28、图 5–29）

主体建筑观音阁是一座明二暗三的楼阁建筑，其建筑本身造型典雅秀丽，梁、柱、斗、枋数以千计，特别是和佛光寺东大殿如出一辙的双杪双下昂斗拱，雄浑有力地支撑着九脊歇山屋，让整个建筑在典雅富丽之余，突显古朴劲健的艺术气韵。观音阁内遗存有完整精美的辽代十一面观音泥塑巨像，通高 16 米，躯干微微前倾，面容饱满，两肩下垂，两臂之上的飘带劲逸下垂至莲座，颇有唐风遗韵。主像两侧伴以姿态优美的胁侍菩萨，用梁思成先生的评价“姿势手法，尤为精妙，疑也为唐代物也”[13]，足以看出其艺术成就之高。而佛坛其他塑像均为明清所塑，不足为观。（图 5–30）

蓟县独乐寺，实在是充分体现唐风意韵的辽代建筑奇珍。

5-26
独乐寺观音阁
辽 摄影 / 刘晓曦

5-27
独乐寺山门鸱吻
辽 高约 0.8 米 摄影 / 刘晓曦

5-28
独乐寺山门左侧天王
彩塑 高约3米 辽 摄影／刘晓曦

5-29
独乐寺山门右侧天王
彩塑 高约3米 辽 摄影／刘晓曦

5-30
观音阁观音头像
彩塑 高约3米 辽 摄影／刘晓曦

5-30

（二）义县奉国寺（辽构、辽塑、辽彩画）

在我国东三省地区，明清以前的木构艺术古迹几乎不存在，而在辽宁义县，却罕见地保存了一座辽代皇家古建木构巨刹奉国寺大雄宝殿，其高度完整的辽代建筑结构和内部的辽塑、彩绘壁画，使其成为东北地区稀有的古代艺术国宝。（图 5–31）

奉国寺位于义县城内东街路北，初名咸熙寺，后改为奉国寺。因大殿内有辽塑大佛 7 尊，所以俗称大佛寺，也叫七佛寺。该寺格局前窄后宽，进山门后依次有牌楼、无量殿和大雄宝殿。唯大雄宝殿为辽代古建。大殿建于辽开泰九年（1020 年），略晚于蓟县独乐寺形制为面阔九间，进深五间，单檐庑殿顶的皇家巨构，是我国现存体量最大的辽代单层木构古建，和大同华严寺、善化寺的大雄宝殿一起并称现存三大辽代木构古建。其斗拱雄大，出檐深远，斗拱双杪双下昂的批竹昂形制，与佛光寺唐代东大殿如出一辙。大殿飞檐斗拱具有典型雄伟壮观的唐代风采，充分表明了辽代在建筑艺术上对唐代造型风格的继承。（图 5–32）

除了极具视觉震撼力的建筑外观造型，大殿内 7 尊大佛均为辽代原作，可能因为佛教对过去七佛的佛经教义要求，这 7 尊加台基高达 9.5 米的室内大佛面部均显雷同，但仍不掩其恢宏壮观的宗教气氛和精美辉煌的造型艺术感染力。佛坛上高大的过去七佛塑像，每尊主像前各立胁侍二尊，辽风卓著。（图 5–33）东西两头还各有天王二尊，但经过后世修补，神韵尽失。大殿内槽梁架和斗拱上有辽代彩绘飞天和牡丹纹样，设色古雅醇厚，是非常精彩的辽代绘画遗珍。（图 5–34）大殿内还有不少明代壁画，但

5–31

5–31 义县奉国寺山门景观 辽 摄影／刘晓曦

5–32 奉国寺大雄宝殿七佛群像 彩塑 高约 9 米 辽 摄影／刘晓曦

5-32

5-33

5-34

5-33
奉国寺大雄宝殿胁侍像
彩塑　高约2米
辽　摄影／刘晓曦

5-34
奉国寺大殿梁架彩绘飞天
辽　摄影／刘晓曦

5-35
奉国寺内山门道教壁画天女像
元　摄影／刘晓曦

5-36
奉国寺内山门道教壁画局部
元　摄影／刘晓曦

艺术水准明显逊色。笔者最近亲临奉国寺参观，有一处不可思议的发现是，在内山门的两壁之上，竟然有造型风格和范式同永乐宫三清殿元代壁画同源的元代佳作，而这是众多关于奉国寺古代艺术文献均未提及的壁画珍品。根据奉国寺内一块元代碑刻的重修记载以及内山门两壁壁画造型语言风格判断，这处壁画，笔者大胆推测其粉本源于永乐宫壁画朱好古门派，虽然此处壁画画技不及永乐宫壁画那样精巧和成熟，但仍然体现了元代高水准寺观壁画人物造型、用线及设色那种大方劲逸、形神兼备而不落甜俗的超然神采。这两铺面积不大的壁画虽处于佛教名刹中，但内容却是道教图像，关于个中原因，正需要美术考古专家深入发掘。仅从绘画角度而言，奉国寺内山门处的元代壁画已是不可多得的元代绘画瑰宝。

义县奉国寺辽代大雄宝殿的雄伟壮观的古建巨构、气势磅礴恢宏的七佛泥塑和颇具唐风古意的梁架彩画，堪称奉国寺三绝，再加上笔者最近发现的内山门元代壁画，确为中国古代建筑史、美术史上的无价之宝，值得前往观摩。（图 5–35、图 5–36）

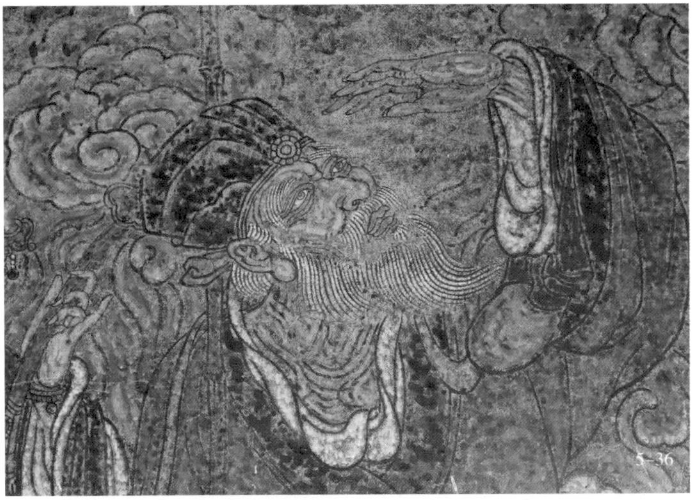
5–36

5–35

（三）正定隆兴寺（宋构、宋塑、明塑）

河北正定古城的隆兴寺是我国现存规模最大、保存较完整的一组北宋木结构古建筑群，即便与素有古建筑博物馆的山西省相比，如此重要的宋代木构建筑，除晋祠圣母殿外，国内也罕有规格和建筑类同期寺观造像遗存如此高妙的古建筑艺术系统。所以谈到最重要的宋代木构建筑及内附的寺观造像艺术，正定隆兴寺一定是最重要的样本。（图 5–37）

隆兴寺内的宋代木构建筑有轴线上的摩尼殿和东西并列对称而立的转轮藏阁和慈氏阁。内藏国内最大宋代铜铸千手观音的大悲阁则是 20 世纪 90 年代末复建的仿宋高阁建筑。本来大悲阁内高达 21.3 米的宋代铜铸千手观音是造型艺术精品，可惜现在的手臂均是被毁后生硬地添加上去的，艺术神采尽失。

摩尼殿是隆兴寺内最重要的宋代建筑孤品，形制独特，为国内所仅见。这种名为四面抱厦重檐歇山顶的雄伟木构建筑，平面呈“十”字形。梁思成赞为：“摩尼殿是我们在宋画里所常见，而在遗建中尚未曾得到者……那种画意的潇洒，古劲的庄严，的确令人有一种不可言喻的感觉，尤其在立体布局的观点上，这摩尼殿重叠雄伟，可算是艺臻极品。”[14] 摩尼殿不仅本身就是体现北宋时期雄劲典雅精神气度的建筑艺术臻品，殿内遗存至今的五尊大型宋代泥塑，也堪称顶级宋塑上品。

这组一佛二弟子二菩萨的塑像，体量伟岸，气度庄严，五官动态既精于写实，同时又富于内心世界的个性表达。佛、弟子及菩萨的衣纹表现是典型的宋代写实风格，于厚重复杂的起承转合中恰到好处地体现出躯体内在的形体结构，展现了宋人在再现

5-37
隆兴寺摩尼殿
宋 摄影／刘晓曦

5-39
隆兴寺摩尼殿倒坐观音像
彩塑 明 摄影／刘晓曦

5-38
隆兴寺摩尼殿佛坛
宋 摄影／刘晓曦

5-38

5-39

5-40
隆兴寺大悲阁须弥座羽人浮雕
宋 摄影／刘晓曦

造型艺术处理上的传神理趣。唯一遗憾的是，这五尊宋塑近年均被重新妆金，大大失去了本身的艺术品位。（图 5-38）

除这五尊造型卓越超然的宋塑，摩尼殿内还保存有后世明代壁画和南海观音悬塑，虽然明代壁画和悬塑的品格气息较宋代更倾繁丽世俗，但摩尼殿名气最大的悬塑倒坐南海观音仍称得上是国内明代同类彩塑的翘楚。（图 5-39）

大悲阁内的铜铸千手观音虽然因生硬转接的手臂而神采尽失，但千手观音的石雕须弥座却是宋代浮雕精品。在两层仰莲图案之上的须弥座四角有雄朴劲健的托座力士，精巧大方的忍冬纹上飞翔着隽雅的羽人，仅这富丽劲健的须弥座浮雕，也令人不得不对当年铜铸千手观音的神采浮想联翩。（图 5-40）

探访隆兴寺，品味现存宋构之孤例的摩尼殿，详察蕴含其间的北宋造像格调，再对比形制源于摩尼殿四面山花抱厦的故宫紫禁城角楼，不同时代的审美气质差异表露无遗。

（四）曲阳北岳庙（元构、元壁画）

若论元代寺观壁画，芮城永乐宫三清殿《朝元图》无疑在中国美术史上占有重要地位，并且享有很高声誉。然而同样是元代的鸿篇巨制，且绘画性和艺术风格传承自吴道子的曲阳北岳庙德宁殿的两铺壁画，却未能受到足够的重视。笔者个人认为北岳庙元代壁画在艺术性和绘画性上较永乐宫壁画更高一筹，特在此简要介绍。

现在大家都知道北岳在恒山，可在明末之前我国历代的北岳之国祀均在现在的曲阳大茂山，而现存全国最大的元代木构建筑，正是元世祖至元七年（1270 年）完工的北岳庙主殿德宁殿。（图 5–41）

德宁殿东西两侧均有巨幅元代壁画，对这两幅壁画的断代，民间和部分学者认为是唐代吴道子原作，不过笔者的看法是既然此大殿在宋淳化年间被辽兵所焚，且又是元初重建，相信历史上吴道子在此的真迹不可能保存下来。不过现有壁画确为元代壁画大家所绘，其绘画风格与传为吴道子真迹的宋代摹本《送子天王图》相比，均非常接近吴门传派的风骨，且这两幅巨制不仅构图雄奇跌宕，人物造型雄劲飘逸，设色灿烂富丽，在艺术氛围上远不是壁画粉本《朝元仙仗图》和《八十七神仙卷》所可比拟的，就是与精彩绝伦的永乐宫壁画相比，德宁殿的元代壁画也表现出更高的绘画性和更接近呈吴道子风格的艺术神韵，是我们今天学习和研究吴道子画风最宝贵的艺术遗产。（图 5–42）

史上曲阳民间流传着“曲阳鬼，赵州水”的说法，相传是指唐代曲阳的飞天鬼神

5–41
曲阳北岳庙德宁殿
元 摄影／刘晓曦

曲阳北岳庙德宁殿西壁壁画《万国咸宁图》

元　摄影　傅薇平

5-43
德宁殿壁画《万国咸宁图》局部
元 摄影／刘晓曦
德宁殿壁画绘画艺术性极高，构图严谨雄奇，疏密得体，造型用线比例完善，极富「吴带当风」之意；设色富丽堂皇，浓淡相宜，表现出相当高的用色修养。

5-44
德宁殿壁画《万国咸宁图》局部
元 摄影／刘晓曦

和赵州柏林寺大殿壁画上的水均为吴道子所画，这个说法相当可信，北岳庙碑刻中也确有记载。作为道教壁画，德宁殿东壁为《云行雨施图》，西壁为《万国咸宁图》，两铺壁画各高 8 米、长 18 米。大殿北壁还有名为《北岳恒山神出巡图》的巨幅壁画，也是高 8 米、长 27 米的巨制。概括起来北岳庙壁画有几大特点，其一是壁画均为人物山水画，前面为组合仙人侍从，后面为山水，形制颇为古老。其二是绘画艺术性极高，构图严谨雄奇，疏密得体，造型用线比例完善，极富“吴带当风”之意；设色富丽堂皇，浓淡相宜，表现出相当高的用色修养。其三是画幅宏大，气势磅礴，比永乐宫三清殿的壁画有过之而无不及。（图 5–43、图 5–44）

吴道子生活在盛唐时期，主要在中原地带进行寺观壁画创作，其高超的画技名垂丹青，然而吴道子的真迹世间无存，幸好有曲阳北岳庙壁画和《八十七神仙传》这样的绘画作品继承了吴道子画派的艺术精神，观摩研究北岳庙德宁殿的元代壁画巨制，可以让我们更加接近和感受盛唐时期最专业的绘画艺术神采！

三 帝陵神道造像艺术

帝陵神道造像是中国传统造型艺术的重要组成部分，不论是秦始皇陵兵马俑这样的庞大壮观的地下帝国威武军阵、霍去病墓前那古拙浑沉的马踏匈奴石雕、西汉时期充满生活情趣的说唱陶俑，还是南朝时期帝王君侯墓前雄霸恢宏的天禄、辟邪，重视在另一个世界里重生的古代中国人从来不惜在墓葬艺术工程上花费无可估量的金钱和智慧。而这些自然带有中国古代传统文化审美特征的帝陵神道艺术作品，其中均带有相当高的造型艺术审美价值，这部分帝陵神道造型艺术作品和传统的卷轴书画、寺观壁画雕塑作品共同组成了三位一体的中国古代造型艺术系统。（图 5–45）

（一）秦始皇陵兵马俑

被誉为“世界第八大奇迹”的秦始皇陵兵马俑，于 1974 年在陕西省临潼县（今临潼区）秦始皇陵以东 1.5 公里处的兵马俑墓葬坑内发现。这支象征着秦始皇陵地下卫戍部队的陶俑大军，据目前已发掘的三个坑，估计有陶武士俑七千多尊，陶马上百匹，以及配备的战车数十辆和各种铜锡合金兵器近万件。特别是这些曾经彩绘过的陶俑大军、陶战马的大小都如同真人真马，造型相当写实，个性气质千变万化，栩栩如生，并排列成长方形的战斗队形，形象地表现了秦帝国军队恢宏强悍的森严气势。

秦始皇陵兵马俑作为中国历史上第一个高度集权的中央封建帝国皇陵宏伟规划的一部分，其原意是为了彰显秦始皇地下帝国恢宏壮丽的永生风采。两千多年前，这支泱泱大军随君王入土之时，原本披着五彩云霞般的绚丽色彩，而今天参观者所见的都是一排排土灰色的陶俑，虽铅华褪尽，却更显纯雕刻造型的质朴艺术美感。而这种历史误会产生的美，和敦煌壁画许多北朝时期的壁画一样，因白铅、红铅颜料的氧化反应而产生的斑驳色彩肌理效果，使观者以为它是一种特殊的艺术表现语言。同样，秦始皇陵兵马俑在重见天日时灰衣黑甲的模样也产生了庄严肃穆的神秘之美。

这些秦俑所体现出来的高度写实风格的雕塑造型特点，直接反映了我国古代造型艺术的控制表达能力与审美观照如何从原始社会土陶制品上彩绘的几何纹样，发展成

5–45

5-45
丹阳修安陵麒麟
石雕 高约 2.5 米 长约 3.5 米 南齐 摄影／刘晓曦

5-46
秦始皇陵兵马俑头像
秦 西安秦始皇陵兵马俑博物馆
图像引自《华夏地理》2012 年 6 月号第 47 页。

熟到秦帝国封建社会这样一个了不起的高度。在出土并修复完成的数以千计的陶俑中，虽然大部分陶俑因大量生产而在造型表现和细节把握上显得较为概念化，但仍有大批身份官阶各异的军吏在造型动态和五官刻画方面显示出如照相写实般的精确和传神。即使用以形写神这样的艺术审美去衡量它们，也是无懈可击的完美之作，只是这种有高度造型艺术水平的陶俑在博物馆中不易参观而已。（图 5-46）

这些源于中国本土与真人等大的陶俑的精神气质，除将军俑的深沉果敢、军吏俑的严肃坚毅、士卒俑的机警灵活这些共性以外，更显示了秦人千人千面的不同个性。比如将军中有的温厚，有的霸气，士卒们则有微笑、有顽皮，也有愁容满面。陶马的造型也极为逼真，造型劲健有力，显得异常神俊。从这些表现传神又具有高度写实控制能力的陶俑作品看来，其实中国人早在两千多年前就具备极高的艺术表现上的写实表达能力，只是因为古代中国人固有的哲学观和对以心观象的审美追求，让写实主义表现方式从未能成为艺术表现的核心价值。

在秦始皇陵兵马俑发现之前，我国的雕刻原本无法和世界雕刻史上的苏美尔文化、古埃及文化和古希腊文化中的雕刻相提并论。而大量秦兵马俑的出土改变了这种状况，秦俑的精湛写实艺术风格足与古希腊古典主义写实雕刻相媲美。为什么中国后来的传统艺术发展并未向写实主义风格迈进？这一点，正是观察中国古代造型艺术特别需要思考的文化背景问题。

（二）南朝神道造像

我国的石刻造型艺术既有悠久的历史，又有很高的成就。魏晋南北朝时期在北方出现了云冈石窟这样规模宏伟的石刻艺术，而在南方，这种在我国固有艺术传统基础上，吸取佛教艺术而产生的伟大艺术丰碑，则体现在南朝陵墓石刻上。

南京是我国著名的历史文化名城、六朝古都。南朝的宋、齐、梁、陈均建都于此，而南京东面的丹阳，又称兰陵，是齐梁两代的故地，因此南朝帝后王公的陵墓及陵墓石刻，都集中在南京东北郊，丹阳一带成为较为集中的南朝陵墓石刻遗留群落。（图5–47）

南朝陵墓形制和汉唐不同，一般墓不起坟，不像前代那样有巨大的陵丘。墓前神道前端石兽（麒麟或辟邪）一对，次神道柱一对，再次为碑，整体形制规模相当简约，体现了南朝时期简朴率真的审美风气。而这些石兽、石柱及石碑，均是精美简洁、雄健大气的石刻艺术珍品，尤其以南梁一朝的文物遗存最为完整与丰富，充分表现了这一时期的造型艺术成就。（图 5–48、图 5–49）

石刻中较为完整的是梁文帝萧顺之建陵石刻（江苏丹阳三城巷），现存石兽一对，神道石柱一对，石龟趺一对，方形石础一对。还有萧绩墓（江苏句容），有辟邪一对，神道石柱一对。这些墓前石兽壮硕威猛，墓制规格恢宏，是梁墓的代表之作。而在中

5–47

5–48

5-47

南京丹阳建陵神道石刻

南朝・梁 摄影／刘晓曦

5-48

南京丹阳梁武帝修陵麒麟

石雕 高约 2.6 米 南朝・梁 摄影／刘晓曦

5-49

南京丹阳修安陵麒麟

石雕 高约 2.6 米 南朝・齐 摄影／刘晓曦

5-49

5-50 南京十月村萧景墓辟邪 石雕 高约 2.8 米 南朝·梁 摄影／刘晓曦

5-51 南京十月村萧景墓望柱 石雕 尺寸不详 南朝·梁 摄影／刘晓曦

5-52 南京十月村萧景墓望柱柱头 石雕 南朝·梁 摄影／刘晓曦

国美术史上最有名的南朝石辟邪，则是南京栖霞镇十月村的梁吴平忠侯萧景墓的石辟邪。这只石兽造型雄伟健硕，仰首欲进，尽显古朴磅礴气势，成为南朝富有力度与精练艺术风范的典型代表。该辟邪对面遗存有现今最完整的神道石柱，下为圆础，雕盘龙，柱身下段有凹槽，接近希腊多立克柱式。而柱身顶上圆盖立一小辟邪，形制又似古印度阿育王石柱，这两点都充分反映出南朝造型艺术与外来佛教艺术的相融。大体看，这种柱式直接源于东汉，而南梁雕刻形式之精美远超前代，萧景墓神道石柱实为汉代以来最为精美的一个。（图 5-50、图 5-51、图 5-52）

现存南朝陵墓石刻以石兽为主，帝陵为麒麟、天禄，而王侯为辟邪，外观区别为辟邪造型壮硕雄浑，且头上无角，而麒麟、天禄为彰显帝王风范，造型更显灵动华丽，且头上是双角与单角的区别。这些辟邪和麒麟均有飞翼，依形制规格高低有不同羽纹数量，这种我国战

5-52

5-53

5-53
南京甘家巷萧恢墓辟邪
石雕 高约3米 南朝·梁 摄影/刘晓曦

5-54
南京丹阳修安陵天禄
石雕 高约2.6米 南朝·齐 摄影/刘晓曦

国时期即有的臆想神兽，又和中西亚苏美尔文明的带翼神兽类似，这应不是一个巧合，而是从侧面证明了历史上的艺术交融。（图5-53、图5-54）

从总体艺术风范看，南朝陵墓石刻，无论天禄、麒麟、辟邪都为整块类玄武岩的硬石雕成，体形硕大，气势恢宏，并且身有双翼，雕琢精致洗练，造型夸张，变形适度，自然而生动，体现了丰富的想象力，更彰显了南朝特有的威武灵气，矫捷异常，极富以静寓动的艺术感染力。

（三）汉唐帝陵神道造像

陕西省的关中平原，从秦至汉唐，众多历代帝陵坐落其间，著名的汉武帝茂陵、唐高宗和武则天合葬的乾陵等帝陵的造访者络绎不绝，其神道石刻造像也广为人知，如唐太宗昭陵神道的昭陵六骏，除二匹神骏石刻早年被盗卖至美国宾夕法尼亚大学博物馆，剩下的四匹神骏石刻原物均收藏在碑林博物馆。昭陵六骏石刻造像艺术水准极高，堪称唐代石刻造型艺术的最高典范之一。这些唐太宗生前最喜爱的战马造像，在高度客观写实的前提下，更富于中国东方意象审美的概括与归纳，六匹神骏不仅动态各异，每尊马头及象征大唐皇家用马的三花马鬃的造型表现均充满个性，绝无雷同和程式化的处理。此外，这些神骏的整体造型虽然倾向肥壮的体型表达，但富于节奏的简练外形和取舍有度的肌腱经络，又无比传神，一看就知道属于东亚地区本土马种，正是这些膘肥体壮的骏马展示了我国唐代高超的再现造型艺术水平。（图 5–55）

在中国美术史上赫赫有名的马踏匈奴石雕，也是汉武帝茂陵霍去病墓遗存下来的大型汉代石刻。在霍去病墓对面的亭廊下共计有十余件汉代石刻造像，除马踏匈奴之外，还有跃马、伏虎、野猪等造型简练、雄朴稚拙的神道造像。受制于当时雕造工具的硬度，汉代的工匠们扬长避短，舍弃更多真实的客观细节，着力塑造所表现内容的体型神韵，充分利用石料自身的天然形状和粗糙凝重的质感，只在大体外形上稍事削斫，从而取得了雄大浑朴的艺术效果，而这也正是中华传统意象审美观的经典显现。（图 5–56）

5–55
昭陵六骏『青骓』
石雕　唐　西安碑林博物馆藏　摄影 / 刘晓曦

5–56
霍去病墓『马踏匈奴』
石雕　高 1.68 米　长 1.9 米
茂陵博物馆藏　摄影 / 曹敬平

5-55

上述关中地区几处知名度很高的汉唐帝陵及神道造像受到了较多的关注，而其大唐十八陵中其他知名度不高的帝陵神道造像，可能更代表了大唐神道石刻艺术的巅峰。比如献陵石虎和武则天母亲顺陵的神道石狮，在造型艺术的成就上更是超越了乾陵神道同类题材。（图 5–57、图 5–58）

顺陵可能因为是武则天之母的陵墓，在大众中知名度很低，可实际上它规模庞大，石刻造像数量众多，体量宏伟，保存完善，造型艺术水准堪称盛唐之最，是笔者认为唐陵神道石刻艺术最具欣赏价值和研究价值的无上珍品。顺陵的石刻种类颇多，从雄伟的望柱、伟岸的天禄、伫立怒吼的雄狮，再到形形色色的侍者以及虎、羊、马等不一而足。（图 5–59）顺陵最精彩的石狮雕刻要数南门一雌一雄的立狮和东门的一对蹲狮，西门装饰性更强的一对蹲狮也是罕见的佳品。顺陵南门的立狮和献陵石虎造型风格相近，均是于写实当中适度概括夸张。雄狮昂首挺立，张口怒吼，而雌狮闭口怒目，不怒自威。这些石狮躯体雄伟，造型浑圆，肌腱隆突，在大形比例方面倾向客观真实，而在头部五官和须毛表现上注重装饰趣味，既概括洗练，又富丽堂皇，颇具大型户外

5-57
咸阳顺陵东门蹲狮
石雕 高约3米 唐 摄影/刘晓曦

5-58
咸阳顺陵神道动物石雕
唐 摄影/刘晓曦

5-59
咸阳顺陵天禄
石雕 高约4米 唐 摄影/刘晓曦

5-60
咸阳顺陵南门神道雄狮
石雕 高约3米 唐 摄影/刘晓曦

5-60

5-61 咸阳顺陵北门雄狮
石雕 高约3米 唐 摄影/刘晓曦

5-62 咸阳顺陵东门雌狮
石雕 高约3米 唐 摄影/刘晓曦

5-63 咸阳顺陵东门雄狮
石雕 高约3米 唐 摄影/刘晓曦

雕塑的特色，和西方大型圆雕相比毫不逊色。可能正是顺陵在唐代帝陵中毫不起眼，再加上武则天女皇授意最高规格的建造，总体保存相当完善的顺陵神道造像，在艺术风格上重写实又浪漫夸张，雕刻精美大气而庄严富丽，在神韵上既能看出来自中亚艺术的风范，整体艺术气息上更是具有中西合璧的超然神采。顺陵神道造像，堪称盛唐石刻艺术的最高代表。（图 5-61、图 5-62、图 5-63）

此外，唐玄宗的泰陵、唐睿宗的桥陵、唐肃宗的建陵等非著名的帝陵均不是热门景点，这些安静的神道石刻珍品，同样是体会大唐艺术神韵的绝佳之地。

5-63

（四）巩义宋陵神道造像

今天的河南省巩义市，在千年前却是北宋的巩县。在巩义的田间山丘之间，密布着北宋王朝的七帝八陵。北宋时期继承汉唐帝陵之制，以方为贵，陵台封土堆为方形覆斗状。时过境迁，这些皇陵封土堆早已和田野山林融为一体，然而散落在巩义田间地头与庄稼亲密为伍的神道造像，依然彰显出那个年代的气息。（图 5–64）

历经千年风雨和战乱，北宋皇陵在地面上最醒目的遗迹正是屹立在田间山林的神道造像。与前朝皇陵神道造像种类数目缺乏定制不同，北宋皇陵神道造像有严格的定制。看宋陵神道仪仗，便可看到大宋时代的皇家风采。从方基莲座望柱开始，依次为象和象奴，雕刻着瑞禽的石屏，雄霸的甪瑞神兽、石虎、石羊、石马及控马官，然后再是儒雅的文臣和勇武的镇陵将军，而封土堆，就在镇陵将军之后。（图 5–65、图 5–66）

北宋的造型艺术，从卷轴山水到寺观造像，无不体现出高度的再现写实能力和格物致知的理趣，于大气磅礴中不失精微，且发展为一种成熟的中华本土的艺术语言风貌，以形写神，以求得心中之象。北宋皇陵规模壮观的神道造像，是在七个月之内的有限时间规范之下，去繁就简完成的六十件大型石刻造像和陵台地宫，而这也正是北宋的定制。（图 5–67）

从艺术风格和艺术成就看，巩义的七帝八陵时代不同，石像的艺术水平和精神气

5–64

5–65

5–66

5-64
巩义永裕陵神道石像
石雕 北宋 摄影／刘晓曦

5-65
巩义永裕陵镇陵将军像
石雕 高约4米 北宋
摄影／刘晓曦

5-66
巩义永裕陵客使像
石雕 高约2.3米 北宋
摄影／刘晓曦

5-67
巩义永厚陵瑞禽碑
石雕 高约2米 北宋
摄影／刘晓曦

5-68
巩义永裕陵文臣像
石雕 高约4米 北宋 摄影／刘晓曦

5-69
巩义永泰陵文官像
石雕 高约3米 北宋 摄影／刘晓曦

5-70
巩义永裕陵望柱柱头
石雕 北宋 摄影／刘晓曦

5-69

5-70

质也各有差异。比如早期的永安陵和永昌陵，因国力较弱，文化艺术氛围还欠繁荣，故此时造像风格比较稚拙朴素，有一种率真之气。而后的永熙陵、永定陵、永昭陵等，因国力较强，故神道造像规模较大，石雕气势雄伟，造型概括简约。而艺术成就最高的永裕陵，和任用王安石变法的神宗皇帝励精图治的雄心壮志一脉相承。永裕陵石像造型最为写实成熟，其文臣武将的雕刻水平精妙，既准确到位，又简练传神，虽说整体处理上倾向于装饰性平面化造型语言，但从五官表情和动态比例的精微处理技巧看，无疑能够感受到同时期郭熙作品里那种传神写照的艺术境界。（图 5-68、图 5-69、图 5-70）

如果有充裕的时间，可按时间顺序参访八处宋陵神道造像，边走边品大宋由盛而衰的历史，这正是宋陵神道造像艺术展现给当下的另一场视觉盛宴。

注释

[1] 白郎 :《 田野中的汉灵》，《华夏地理》2011 年第 7 期，第 104 页。

[2] 方闻、李维琨：《 心印 : 中国书画风格与结构分析研究》，陕西人民美术出版社 2004 年版，第 4 页。

[3] 萧易、袁蓉荪：《空山——静寂中的巴蜀佛窟》，广西师范大学出版社 2012 年版，第 241 页。

[4] 梁思成：《佛像的历史》，中国青年出版社 2010 年版，第 278 页。

[5] 王永先、李剑平：《山西古代彩塑品赏》，山西科学技术出版社 2003 年版，第 91 页。

[6] 梁思成：《中国建筑史》，百花文艺出版社 1998 年版，第 185 页。

[7] 梁思成：《中国建筑史》，百花文艺出版社 1998 年版，第 185 页。

[8] 梁思成：《佛像的历史》，中国青年出版社 2010 年版，第 88 页。

[9] 梁思成：《佛像的历史》，中国青年出版社 2010 年版，第 228 页。

[10] 王恒：《雕凿永恒——山西石窟与石雕像》，山西人民出版社 2005 年版，第 3 页。

[11] 王恒：《雕凿永恒——山西石窟与石雕像》，山西人民出版社 2005 年版，第 74 页。

[12] 谢稚柳：《中国古代书画研究十论》，复旦大学出版社 2004 年版，第 104 页。

[13] 梁思成：《佛像的历史》，中国青年出版社 2010 年版，第 224 页。

[14] 张永波：《重访正定》，《华夏地理》2015 年版第 8 期，第 113 页。

主要参考文献

[1] 梁思成 . 佛像的历史 [M]. 北京 : 中国青年出版社 , 2010.

[2] 梁思成 . 中国建筑史 [M]. 天津 : 百花文艺出版社 , 1998.

[3] 方闻 . 心印——中国书画风格与结构分析研究 [M]. 李维琨，译 . 西安 : 陕西人民美术出版社 , 2004.

[4] 杜朴 , 文以诚 . 中国艺术与文化 [M]. 张欣 , 译 . 北京 : 世界图书出版公司 , 2011.

[5] 黄苗子 . 艺林一枝 [M]. 北京 : 生活、读书、新知三联书店 , 2003.

[6] 李霖灿 . 天雨流芳 [M]. 桂林 : 广西师范大学出版社 , 2010.

[7] 荣新江 . 敦煌学十八讲 [M]. 北京 : 北京大学出版社 , 2001.

[8] 孟嗣徽 . 元代晋南寺观壁画群研究 [M]. 北京 : 紫禁城出版社 , 2011.

[9] 高居翰 . 画家生涯 [M]. 杨贤宗 , 马琳 , 邓伟权 , 译 . 北京 : 生活、读书、新知三联书店 , 2012.

[10] 高居翰 . 诗之旅 [M]. 洪再新 , 高士明 , 高昕丹 , 译 . 北京 : 生活、读书、新知三联书店 , 2012.

[11] 高居翰 . 气势撼人 [M]. 李佩桦 , 译 . 北京 : 生活、读书、新知三联书店 , 2009.

[12] 晁华山 . 佛陀之光——印度与中亚佛教胜迹 [M]. 北京 : 文物出版社 , 2001.

[13] 巫鸿 . 美术史十议 [M]. 北京 : 生活、读书、新知三联书店 , 2010.

[14] 谢稚柳 . 中国古代书画研究十论 [M]. 上海 : 复旦大学出版社 , 2004.

[15] 杨永生 . 中国古建筑之旅 [M]. 北京 : 中国建筑工业出版社 , 2003.

[16] 王恒 . 雕凿永恒——山西石窟与石雕像 [M]. 太原 : 山西人民出版社 , 2005.

[17] 王永先 , 李建平 . 山西古代彩塑品赏 [M]. 太原 : 山西科学技术出版社 , 2003.

[18] 赵雪梅 . 唐风宋雨 [M]. 北京 : 商务印书馆 , 2011.

[19] 上海博物馆 . 千年丹青 [M]. 北京 : 北京大学出版社 , 2010.

[20] 陈舜臣 . 敦煌之旅 [M]. 桂林 : 广西师范大学出版社 , 2004.

[21] 李代才 . 大足石刻精品 [M]. 北京 : 中国摄影出版社 , 2001.

[22] 萧易 , 袁蓉荪 . 空山——静寂中的巴蜀佛窟 [M]. 桂林 : 广西师范大学出版社 , 2012.

[23] 安岳县文物管理局 . 安岳石刻导览 [M]. 北京 : 中国文史出版社 , 2008.

[24] 山西省文物局 . 双林寺彩塑 [M]. 天津 : 天津人民美术出版社 , 2003.

[25] 萧军 . 永乐宫壁画 [M]. 北京 : 文物出版社 , 2008.

[26] 陈明达 . 蓟县独乐寺 [M]. 王其亨 , 殷力欣 , 增著 . 天津 : 天津大学出版社 , 2007.

[27] 建筑创作杂志社 . 义县奉国寺 [M]. 天津 : 天津大学出版社 , 2008.

[28] 上海书画出版社 . 国宝在线丛书 [M]. 上海 : 上海书画出版社 , 2003.

[29] 徐湖平 , 夏维中 , 韩品峥 . 中华五千年图典 [M]. 南京 : 江苏少年儿童出版社 , 2002.

[30] 冯斐 , 龟兹佛窟人体艺术 [M]. 北京 : 中国摄影出版社 , 2002.

[31] 杜斗城 , 王书庆 . 敦煌与丝绸之路 [M]. 深圳 : 海天出版社 , 2005.

[32] 张文彬 . 敦煌 [M]. 北京 : 朝华出版社 , 2000.

[33] 唐承义 , 王平中 . 普州揽胜 [M]. 北京 : 大众文艺出版社 , 2011.

[34] 张雅茜 . 永乐艺风 [M]. 太原 : 山西古籍出版社 , 2005.

[35] 麦积山石窟艺术研究所 . 天水麦积山 [M]. 北京 : 文物出版社 , 1998.

[36] 巫鸿 . 考古美术的理想 [J]. 华夏地理，2011，17 : 70–72.

[37] 雷玉华 . 发现巴蜀石窟 [J]. 华夏地理，2011，7 : 61–72.

[38]Brook Larmer(布鲁克 · 拉尔莫). 重现大秦帝国第五彩军队 .[J] 陈昊 , 译 .

华夏地理 , 2012，6 : 59.

[39] 胡杨，吴健 . 沿着石窟的长廊佛走进了中国 [J]. 中国国家地理 , 2007 , 11 : 28–61.

[40] 萧易 . 寻访安岳石刻 [J]. 中国国家地理 , 2009 年 , 11 : 66–89.

[41] 萧易 . 大足石刻 [J]. 中国国家地理 , 2011 , 8 : 113–133.

[42] 高火 . 古代西亚艺术 [M]. 石家庄 : 河北教育出版社 , 2003.

[43] 王琳 . 印度艺术 [M]. 石家庄 : 河北教育出版社 , 2003.

[44] 李军 . 希腊艺术与希腊精神 [M]. 石家庄 : 河北教育出版社 , 2003.

[45] 山西省古建筑保护研究所 . 佛光寺 [M]. 太原 : 三晋出版社 , 2008.

[46] 段智钧 . 古都南京 [M]. 北京 : 中国建筑出版社 , 2013.

[47] 贺从容 . 古都西安 [M]. 北京 : 中国建筑出版社 , 2013.

[48] 荣新江 . 丝绸之路与东西文化交流 [M]. 北京 : 北京大学出版社 , 2015.

[49] 郎绍君 . 中国造型艺术词典 [M]. 北京 : 中国青年出版社 , 1996.

[50] 富田升 . 近代日本的中国艺术品流转与鉴赏 [M]. 赵秀敏 , 译 . 上海 : 上海书画出版社 , 2014.

[51] 孔华润 . 东亚艺术与美国文化 [M]. 段勇 , 译注 . 上海 : 上海书画出版社 , 2014.

[52] 青州市博物馆 . 青州龙兴寺佛教造像 [M]. 北京 : 人民美术出版社 , 2013.

[53] 方闻 . 中国艺术史九讲 [M]. 谈晟广 , 编 . 上海 : 上海书画出版社 , 2016.

[54] 刘金峰 , 隋唐佛都青莲寺 [M]. 太原 : 山西经济出版社 , 2011.

[55] 弗利尔 . 佛光无尽 [M]. 李雯 , 王伊悠 , 译 . 上海 : 上海书画出版社 , 2014.

[56] 颜娟英 , 石守谦 . 艺术史中的汉晋与唐宋之变 [M]. 北京 : 北京大学出版社 , 2016.

后记

光阴似箭，本书的前身《中国古代造型艺术考察》出版已届六载。本书基于近六年来笔者于多次实地考察中新收集的素材和个人反复探访华夏大地上那些非著名的传统艺术宝库中积累的新收获、新体会，对上本书从体例到内容章节都做了相当大的调整和重写，弥补了上本书出版时许多重要艺术古迹因作者未能实地亲自取得第一手图像素材而未能录入书中的遗憾。可以说本书不仅是《中国古代造型艺术考察》的全面改版提升，在内容和图像视觉上也算得上一本全新的作品。

本书重新定名为《中国传统寺观造型艺术》，总体架构分为五章，第一章重新梳理了笔者对于中国传统寺观、神道造像的认识看法，明确提出了其中许多艺术精华至今仍未真正受到学术界的正视与肯定，并且独立评价、判断历史上的许多寺观造像再现写实艺术水准达到了比肩西方传统写实艺术的高度，而这一点正是我国传统寺观造像艺术研究与认识中长期被忽视的领域。本书正是力图以大量作者亲身实地拍摄的第一手非著名艺术遗产图像来佐证独立的观点。全书的研究内容增加了近一半的重要艺术古迹，也基本上替换了90%以上的旧图并采用更精彩的图片，除了极少数一再无缘实地拍摄的国宝级精华，本书所采用的图片绝大部分为作者实地拍摄收集。基于作者身为造型艺术家的视觉观照立场，书中发表的独家图片更多是从造型审美价值的角度进行拍摄，而非传统艺术的文物记录角度拍摄，故这些图像也呈现了作者自身的主观审美偏好，尚可算一家之言。本书更希望引导读者从艺术审美的角度去认识和欣赏我国传统寺观、神道造像杰作，也相信这些独立的视觉图像能带给大家不同的审美感受，可以借本书把众多非著名又蕴含高度造型艺术价值的寺观杰作与读者一起分享。正是中国古代那些鲜为人知却又极富艺术之美的宗教造像珍品不停激励作者艰难写作，因而我首先要向创造了这些伟大华夏艺术杰作，在中国美术史上有名或未曾留名的前辈巨匠致以最崇高的敬意!

上本书付梓的时候，虽为困顿吃力的书写劳作得以发表而倍感欣喜，然而心中更充满了遗憾，彼时很多书中提到的传统寺观杰作要么因为作者还未亲临现场，要么因机缘不够而未能现场亲自拍摄，总之不是自己独立的图像资源。通过近五年不懈的实地探访，在诸多相关朋友的热心帮助下，笔者有幸收集了足够的寺观神道造像珍品图像素材，拥有了自己创作的独立版权。所以在这里要特别鸣谢晋城青莲寺的郭新明先生、长子县法兴寺的张宇飞先生、大同善化寺的白志宇先生、庆阳北石窟寺的白京平先生、钟山石窟郝艳老师、多福寺曲燕老师，得知我致力于研究传播中华传统寺观艺术珍品，他们对于素昧平生的我无私帮助，使我得以收集到珍贵的第一手图像资料，在此不胜感激。同时也要感谢挚友张庆华先生的鼎力相助，没有他的精心安排，我难以完成诸多艺术古迹的探访。一并致谢的还有山西省文物局的李强处长、佛光寺的郑天河所长、麦积山石窟的李天铭所长，以及好多我叫不出姓名的文物管理负责人，正是有赖于他们的热心支持，本书才得以更全面地把传统寺观杰作珍品呈现给读者。当然也要感谢我的同事兼好友曹敬平和郑力两位艺术家，他们为本书提供了许多精彩的图像素材。此外还要特别感谢好友吴克克先生提供的川北地区唐代石窟图片，这些宝贵图像令本书增色不少。

最后还要重点感谢我的两位研究生李紫煊和刘林，前者来自大同，后者来自大足，二位同学平时勤奋上进，对传统寺观艺术也颇有悟性，于这个时代实属难得，在紧张的研究生学习期间抽时间帮我完成大量的文字及图像录入整理，正是他们辛苦细致的图文编排，本书才得以如期出版。

图书在版编目（C I P）数据

中国传统寺观造型艺术 / 刘晓曦著 . -- 成都 : 四川美术出版社 , 2020.8
ISBN 978-7-5410-8831-5

Ⅰ . ①中… Ⅱ . ①刘… Ⅲ . ①寺庙 - 宗教建筑 - 造型设计 - 研究 - 中国 Ⅳ . ① TU-098.3

中国版本图书馆 CIP 数据核字 (2019) 第 234038 号

中国传统寺观造型艺术
ZHONGGUO CHUANTONG SIGUAN ZAOXING YISHU

责任编辑 汪青青 刘珍宇
书籍设计 汪宜康 段泯君 + 重庆三驾马车文化创意设计有限公司
责任校对 陈 玲 田倩宇 袁一帆
出版发行 四川美术出版社
成都市锦江区金石路 239 号
成品尺寸 180mm × 245mm
印 张 23.5
图 片 495 幅
字 数 391 千字
印 制 成都市金雅迪彩色印刷有限公司
版 次 2020 年 8 月第 1 版
印 次 2020 年 8 月第 1 次印刷
书 号 ISBN 978-7-5410-8831-5
定 价 386.00 元

ISBN 978-7-5410-8831-5